数学史のすすめ

原典味読の愉しみ

高瀬正仁
Masahito Takase

日本評論社

はじめに――数学史とは何か

数学の歴史に寄せて関心を抱き始めた時期は非常に早く、数学への関心のはじまりとほとんど軌を一にしています。岡潔先生のエッセイに親しみを深め、多変数関数論の世界が今しも開かれていこうとする岡先生の数学論文集の世界に沈潜しているうちに、数学と数学史はますます緊密に連繋して自然に一体となりました。数学は人が創造する学問ですから古い数学が枯れることはなく、古代ギリシアから西欧近代にいたるまで、全時代の数学がみな今もそのまま生きて働いています。数学のどの理論にも「一番はじめの人」がいて、一番はじめの人びとに固有の「数学を創る心」が連なって数学史を形作っています。歴史こそ、数学の心の故郷であると、回想を繰り返すたびにそのつど思いを新たにしたものでした。

西欧近代の数学史を概観すると、さながら果ての見えない巨大な海を遠望しているような思いがします。数学の創造に携わった人びとを思いつくままに振り返ると、デカルト、フェルマ、ニュートン、ホイヘンス、ライプニッツ、ベルヌーイ兄弟（兄のヤコブと弟のヨハン）、オイラー、ラグランジュ、コーシー、ラプラス、ルジャンドル、フーリエ、ガウス、アーベル、ヤコビ、ガロア、ディリクレ、アイゼンシュタイン、クロネッカー、クンマー、リーマン、ヴァイエルシュトラス、ハインリッヒ・ウェーバー、デデキント、クライン、ヒルベルト、エルミート、ポアンカレ等々、一群の巨人の名が次々と念頭に浮かびます（序章末の「本書に登場するおもな数学者の年表」参照）。みんなすばらしい。どのひとりを見ても高峰というほかにたとえるすべがないほどで、高峰と高峰が連繋して数学という不思議な学問の山脈を形作っています。オイラーとガウスの名の大きさが格段に際立っていますが、これに加えてデカルトやフェルマと同じ地点に立って遠い未見の昔を回想すると、古代ギリシアの数学的世界がおぼろげに目に映じます。そこが西欧近代の数学の泉です。真に偉大な系譜というほかはありませんが、ここに日本の二人の数学者、高木貞治先生と岡潔先生の名をさりげなく書き加えておきたいと思います。

数学という学問の神秘感は源泉に宿っています。デカルトは古代ギリシアの作図問題に代数学の方法を導入して独自の幾何学を提案し、代数曲線論と微積分の泉を作りました。フェルマが考案した特異な接線法と極値問題の解法は、デカルトのアイデアとともにライプニッツに継承されて、「万能の接線法」という名の微分法になりました。その微分法の逆向きの計算法はまたしてもライプニッツとともに逆接線法という名で数学の世界に現れて、これによって求積法という名の積分法が確立されました。

ライプニッツが発見した「万能の接線法」は、曲線を「無限小の長さの辺が無限に連なって形成される無限多角形」と見るという神秘的な視点に立脚しています。極値問題は曲線の理論とは関係がありませんが、極値を求めようとする変化量が満たすべき方程式を書き下すと、そのまま曲線の方程式のように見えてくるのはいかにも不思議ですし、「万能の接線法」を適用してその曲線の概形を描きさえすれば極値問題はたちまち解けてしまいます。デカルトのアイデアもまたこのような場面においていきいきと生きています。

曲線の弧長や曲線で囲まれた領域の面積を求めるために、「万能の接線法」を適用してひとまず線素や面素と呼ばれる無限小部分の大きさを算出し、それをds（線素）やdS（面素）と等値すると、またしても不思議なことに曲線の接線の方程式がそこにあるかのように見えてきます。その曲線は実際には存在するともしないともつかないもので、ただ接線の形をした方程式に連想を誘われるだけにすぎませんが、ライプニッツの目にはこのいわば「仮象の曲線」の姿がありありと映じました。しかも逆接線法を適用すると、本当にその曲線の姿が現れます。ライプニッツはこれを求積線と呼び、その力を借りて「万能の求積法」を手にしたのでした。これが今日の微積分にいう「微分積分学の基本定理」の原型です。

「仮象の曲線」に寄せるライプニッツの強固な実在感が具体的に現れて求積線が見つかったのですから、求積線はライプニッツひとりの感受性の結晶です。数学という不思議な学問の世界はこうして生成します。デカルト、フェルマ、それにライプニッツに直接親しむことを通じて存在の神秘が感知され、強い印象が心に刻まれました。

フェルマは古代ギリシアの人ディオファントスの著作『アリトメチカ』やユークリッドの『原論』に描かれた「数の理論」を西欧近代の地に移し、数論の泉（第一の泉）を作りました。

ベルヌーイ兄弟はライプニッツの二論文にエニグマ（神秘を秘めた巨大な謎）を感知し、ライプニッツとの間で長期にわたって手紙のやりとりを続け、ライプニッツの思想の樹から豊饒な果実を摘んで微積分の骨格を作り上げました。そのベルヌーイ兄弟の弟のヨハンを師匠にもつオイラーは関数概念を導入し、曲線の理論から離れて微分方程式論を構築して今日の解析学の泉になりました。楕円関数論の萌芽もまたオイラーの微分方程式論から芽生えています。最短降下線の探索という、ヨハン・ベルヌーイが提示した問題にわずかな手がかりを見出だして変分法の基礎を作り、ラグランジュの解析力学への道を開いたのもオイラーですし、フェルマの数論を継承して証明を試みた最初の人もまたオイラーでした。フェルマが発見した数論の泉はオイラーの手で流れ始め、ラグランジュに継承されて悠揚迫るところのない大河になりました。

オイラーによる関数の導入は西欧近代の数学史において真に画期をなす出来事で、これによって微積分の姿は「曲線の理論」から微分方程式論へと大きく変容することになりました。では、オイラーの心を誘って関数概念の着想へと導いた根本的な要因は何だったのでしょうか。この疑問を解き明かすことができなければ西欧近代の数学はついにわからないだろうと思われたほどで、長年の懸案であり続けましたが、オイラーその人の著作『無限解析序説』（全二巻）の第二巻に目を通すとたちまち解消されました。第二巻のテーマは解析幾何学で、曲線の理論が展開されています。曲線と関数の関係が語られている冒頭の数頁を読み進めていくと、関数というのは「曲線の解析的源泉」であるという数語が目に留まりました。燈台下暗し。さすがに「一番はじめの人」ならではの一語でした。

関数の姿もひとつではなく、オイラーはさまざまな数学的状況に応じて都合三種類の異なる関数概念を提案しました。曲線の解析的源泉に寄せて確乎とした実在感を抱きながらも、言葉を与えて言い表そうとして腐心するオイラーの心情がしのばれて、「定義が次第に変って行くのは、それが研究の姿である」という岡潔先生の言葉が回想されました。昭和二十年（一九四五年）十二月二十七日の研究ノートに書き留められたひとことですが、この時期の岡先生は心の世界に芽生えた不定域イデアルの本性をとらえようとして苦心に苦心を重ねていたのでした。二百年の昔のオイラーの姿とぴったり重なります。

ガウスはフェルマとは異なるもうひとつの数論の泉（第二の泉）です。一七九五年の年初、満十七歳のガウスはゆくりなくアリトメチカの一真理を発見し、世紀の変り目の一八〇一年には『アリトメチカ研究』という大きな著作を刊行しました。ディリクレはまだ十代の若い日からこの作品を愛し、後年、ガウスの後任としてゲッチンゲン大学に移るとガウスの数論の講義を行いました。長期にわたって続けられた思索が実り、披瀝されたのですが、聴講者の中にデデキントがいて、ディリクレの没後、ディリクレの講義の再現を試みて『ディリクレの数論講義』を刊行するという出来事があり、そのおりにデデキントは独自の「補遺」を巻末に添えました。第四版に現れた第十一番目の補遺は実に「代数的整数の理論」と題されています。ガウスが発見した数論の一真理から流露した小さな流れが代数的整数論という衣裳をまとったのでした。

ガウスは数学のいくつもの領域において「一番はじめの人」になりましたが、代数方程式論と楕円関数論の方面ではアーベルという継承者に恵まれて、ガウスの思想は全面的に明るみに出されることになりました。五次の代数方程式は一般に代数的解法を許容しないという「不可能の証明」、アーベル方程式の発見、虚数乗法の理論と、創意ばかりが充溢するアーベルの寄与は一段と際立っています。なかでも強い印象を受けるのは、係数域を有理数域に限定して、代数的に解ける五次方程式の根の表示式を書き下したという一事です。一八二六年三月十四日、パリに向う途次、ヨーロッパの各地の遍歴を続けるアーベルはフライベルクでベルリンの友クレルレに宛てて一通の手紙を書き、不思議な形の根の表示式を書きました。本当にかんたんな断片がアーベルの全集に掲載されているのですが、クロネッカーの目に留まり、ここからアーベル方程式の構成問題が生れました。

クロネッカーの名を冠する「青春の夢」、クンマーの理想数（イデアル）、ハインリッヒ・ウェーバーとヒルベルトが提案した類体のアイデアとそれを実現した高木貞治先生の類体論。高木先生はゲッチンゲンでヒルベルトに学んだ人でもありました。

ヤコビは「アーベル積分の加法定理」というアーベルの遺産を継承し、「ヤコビの逆問題」を提示しました。その解決に成功したことを伝えるヴァイエルシュトラスとリーマンの論文には、どちらにもアーベルの名を冠する「アーベル関数」の一語が現れています。人から人へと何事かが継承され、生い立っていく光景がパノラマのように繰り広げられて、見る者の目を奪ってやみません。

アーベル関数は多複素変数の解析関数ですから、その解明をめざして多変数関数論の基礎理論形成の契機が発生しました。ヴァイエルシュトラスは「ヴァイエルシュトラスの予備定理」を早々に確立した人ですが、それと同時に「多複素変数の空間内の任意の領域が有理型関数の存在領域でありうる」と、正しくないことをきっぱりと宣言した人でもありました。これを覆したのはイタリアの数学者E・E・レビ。レビの論証を支えたのはハルトークスが明らかにした連続性定理でした。エルミートを師匠にもつポアンカレは有理型関数を二つの正則関数の商の形に表示する問題を探究し、多変数関数論開拓の場において実質的に最初の一歩を歩んだ人になりました。

パリでガストン・ジュリアに学んだ岡潔先生は、レビが提示した「レビの問題」に示唆を得て「ハルトークスの逆問題」を造形し、多複素変数解析関数の存在領域の形状の決定をめざしました。岡先生は若い日にリーマンに神秘的なあこがれを抱いた人ですが、そのリーマンが一複素変数関数論の場において為し遂げたことを多変数関数論の場に移そうとするところに、岡先生の青春の夢がくっきりと現れています。

数学史とは「数学とは何であるか」と問う学問です。数学的発見を離れて数学はなく、発見という営為を担うのはどこまでも「人」ですから、「人」と乖離した数学もまたありえません。このように確信してこれまで西欧近代の数学の古典を読み続けてきましたが、この体験を通じて多くの偉大な数学者たちの心情の一端に触れることができ、深く共感し、大きく共鳴する場面にいたるところで遭遇しました。本書ではそのようなあれこれの出来事をありのままに物語りたいと思います。

本書のねらいは源泉への回帰にあります。西欧近代の数学史に心を寄せるようになったきっかけから説き起こし、数論、微積分、一変数および多変数の複素関数論に焦点をあて、諸原典の間に響き合う「一番はじめの人びと」の声に耳を傾けながら書き綴りました。折に触れて所見と所感を表明しましたが、その際、通説にこだわることなく、数学を創造した人びとと直接言葉を交わし、問い掛けに応えることを心掛けました。

原典味読の愉しみを共有し、志を同じくする後進の出現を願ってやみません。

凡例

一　「一個の複素変数の解析関数の理論」はしばしば「一変数関数論」と略称されます。ほかにも「一変数複素関数論」「複素関数論」「解析関数論」「関数論」「複素解析」などという呼称が行われています。

このような状況は多変数関数論の場合でも同様です。多変数関数論というのは「いくつかの複素変数の解析関数の理論」の略称ですが、「多複素変数関数論」「多複素変数解析関数論」「多変数複素関数論」「多変数複素解析」など、似通った呼称が見られます。岡潔先生は「多変数解析関数について」という統一表題のもとで連作を書き続けました。

本書ではおおむね「一変数関数論」「多変数関数論」という略称を採用しますが、ときおり他の呼称を使用することがあります。また、特定の著作や論文の表題については原書名をそのまま訳出して紹介します。

二　本書の全体を通じていろいろな古典的作品を直接参照しましたが、その際、原文の引用にあたり、できるだけ自家用の訳文を使用するように心掛けました。デカルトの著作『幾何学』については、筑摩書房のちくま学芸文庫Ｍ＆Ｓに収録されている訳書（原亨吉訳、二〇一三年）から引きました。他の訳書から引く場合には、そのつど参考文献を明記しました。

目次

第三章　数論のはじまり　101

第四章　類体論の最初の一歩　127

第五章　微積分の泉　163

第六章　リーマンのアーベル関数論　217

第七章　黎明の多変数関数論　265

著訳書解題　289

あとがきにかえて――数学史のすすめ　294

索引　299

序章
多変数関数論の古典に親しんだころ

数学の魔力

西欧近代の数学史の研究を始めてから四十年になろうとする歳月が流れましたが、最近になってときおり往時を回顧するようになりました。数学史研究に向うようになったのはどうしてだったのか、具体的な手掛かりをどのあたりに求めて勉強を始めたのか、どのような古典に目を通したのか、これまでの歴史研究を経て数学という学問に寄せる考え方が変ったのかどうか、変ったとすればどのように変わったのか等々、回想し、確認してみたいことのあれこれが次々と思い浮かびます。

ひとつひとつ思い出してみたいのですが、歴史研究に向う前に、そもそもどうして数学に心が向かうようになったのかというあたりのことを考えてみると、根本にあるのは「数学という学問の不思議さ」です。数学は実に不思議な学問で、いったい何を研究する学問なのか、明快に言い切ることができません。物理や化学などでしたら自然現象の観察に基礎を求めているのであろうと思われますし、生物や医学でも研究対象は明確で、総じて理系の学問の場合にはこの種の迷いはありえません。

人文系の学問になると、この状況はいくぶん微妙になります。文学とは何か、歴史とは何か、哲学とは何かなどと問うていくと、「数学とは何か」という問いに次第に近づいていくような感慨を覚えます。

この問題は数学という学問に関心を寄せ始めた当初から気に掛かっていました。他方、数学という学問が存在することはまちがいなく、しかも数学には必ず歴史が伴っています。数学者と呼ばれる人は昔も今も存在するのですから、何かが研究されていることもまた疑いを挟む余地はありません。そこで、その「何か」の正体は何なのだろうかという問いが立てられます。答はなかなか見つからず、ずいぶん長い間、実を結ばない思索を強いられました。この疑問は同時に数学の魅力の泉でもあり、何を研究する学問なのか、判然としないところにかえって神秘的な魅力がたたえられています。心を惹く力の強いことは魅力というだけでは足らず、魔力という言葉が相応しいほどです。

岡潔先生のエッセイの魅力

「数学は何を研究する学問なのか」という疑問が心に掛かり始めてまもないころ、あるとき岡潔先生のエッセイ『春の草』（日本経済新聞社、昭和四十一年）を読んでおもしろく思い、それから岡先生のエッセイのあれこれに親しむようになりました。岡先生は「数学というのは西欧の人びとが数学と呼んでいる学問の形式に情緒を表現する学問である」ということを語っていました。『春宵十話』（毎日新聞社、昭和三十八年）の「はしがき」にそのようなことがはっきりと書かれています。「数学とは何か」という懸案の疑問に正面から答えている言葉ですので、はじめて目にしたときは目を見張ったものでした。同じ問いを立て、みずから答えている数学者を発見したことがうれしかったのです。

驚愕し、感動したものの本当は意味はよくわからなかったにもかかわらず、岡先生の言葉にはなぜかしら心を惹きつけられてやまない魅力がたたえられていました。これが岡先生を知るようになったはじめのころの状況です。

実際に数学を学び始めると、次々と困難な場面が現れて、そのつど行く手をさえぎられました。数学の本はどれもむずかしく、一行また一行と論理の鎖を追っていくのにたいへんな苦痛を強いられて、一冊の本を読むということがなかなかできませんでした。技術的な面で困難が多く、「それゆえにこのようになる」という文言の「それゆえに」のところがしばしば判然とせず、そのために先に進んでいくことができなくなってしまうのでした。

この悩みは技術的なことですから、がまんして勉強を続けていくとだんだん慣れてきましたが、それとは別の種類のいっそう大きな困難がありました。それは何かというと、数学書は「ねらい」をつかみにくいのです。

数学書のねらいがわからないという事例は非常に多く、むしろほとんどすべての数学書に当てはまるのではないかとさえ思われるほどです。数学のどの理論にもそれぞれに固有のねらいがあり、何かを明らかにすることをめざしているのであろうと思うのですが、その「何か」がわからないことに起因して、絶え間のない苦痛が発生し続けるのでした。「数学とは何か」という、数学の正体を問う当初の懸案が判然としないことがあらゆる困惑と苦痛の根底に横たわっているのであり、そのためにこの悩みにいつまでも消えませんでした。

このようなわけで実際に眼前を去来する数学にはさっぱり魅力を感じることができず、戸惑いは深まるばかりでしたが、他方では、こんなはずはない、こんなはずではなかった、という思いもまた消えませんでした。数学という学問に数学を学ぶ前から抱いていた神秘感は、魅力のない数学書の洪水が押し寄せてきても消えることがなく、どこかに「真の数学」が存在するにちがいないという根拠のない希望を胸にして、あてどなくさまよい惑う日々をすごしたものでした。

十代の終りがけから二十代のはじめにかけてのころのことで、数学を学ぶという方面から見るとこれまでの人生でもっとも苦しい一時期でした。それでも数学の魔力からのがれることはできませんでした。

岡潔先生の数学論文集を読んで

灯台下暗し。岡先生のいう「情緒の数学」は実は岡先生自身の数学論文集の中にありました。岡先生の論文集は昭和三十六年（一九六一年）と昭和五十八年（一九八三年）に二度にわた

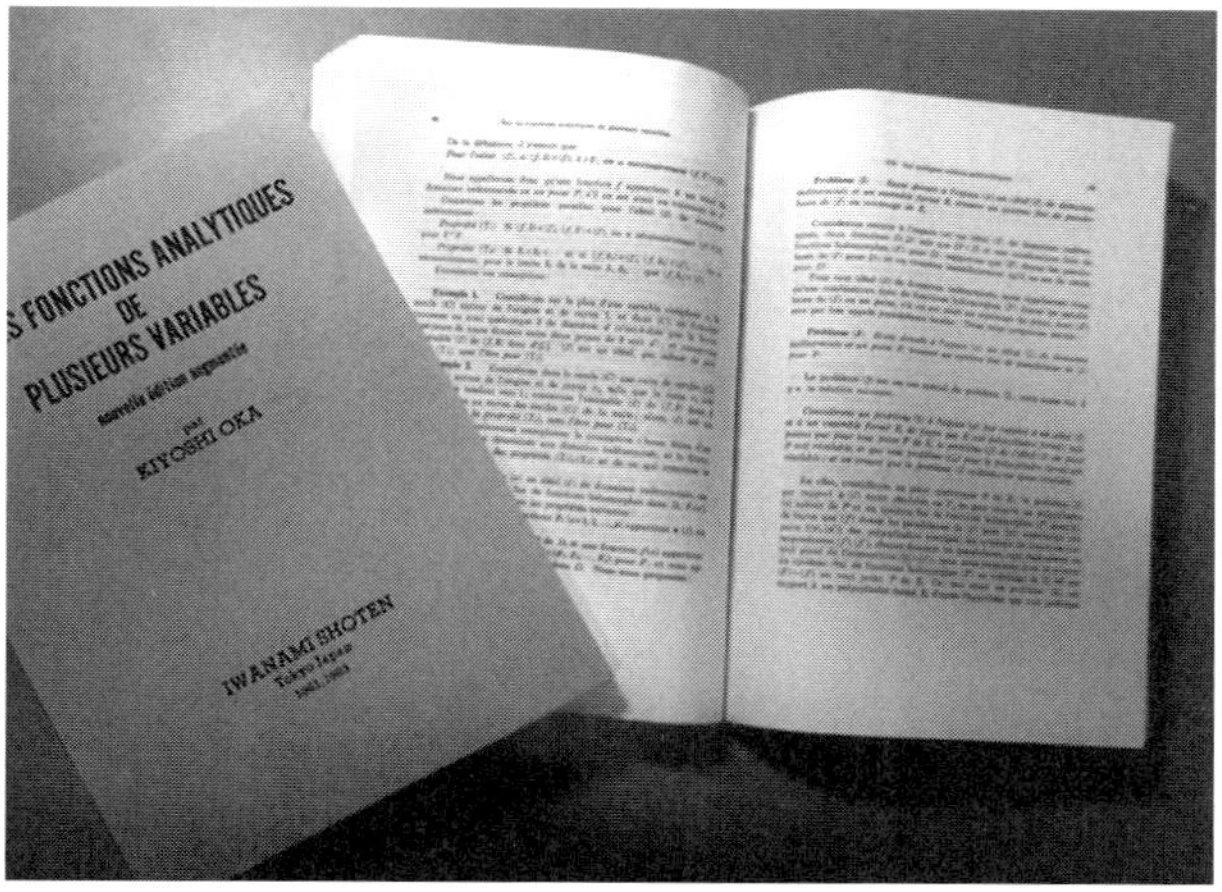

岡潔，数学論文集“Sur les fonctions analytiques de plusieurs variables（多変数解析関数について）”増補版，1983年，岩波書店.

って編纂されました。最初の論文集には九篇の論文が収録されています。「多変数解析関数について」という通し表題のもとに、第一報、第二報、…と続いて第九報に及び、全体として「ハルトークスの逆問題」の解決という目的地がめざされています。岡先生の没後、論文集の増補版が出版されて、第十報が収録されましたが、第十報は第九報の続きというわけではなく、これについては別の角度から語る必要があります。

第一報から第九報までの九篇の論文を通じて、ハルトークスの逆問題が一歩また一歩と追い詰められて次第に解決されていく様子を目の当たりにして深い感銘を受けました。ところが、同時に、その感銘をはるかに上回る衝撃を伴う事実に直面しました。それは、「岡先生の多変数関数論研究は未完結だった」

という一事です。多変数関数論のテキストはいろいろなものが出ていましたので、岡先生の論文集を読む前にいくつか入手して目を通していました。多変数関数論が語られる場で決まって話題にのぼるのは、「クザンの問題」（加法的な第一問題と乗法的な第二問題の二種類がありま す）、「近似の問題」、それに「レビの問題」という「三つの未解決問題」のことで、これらをことごとくみな解決したのが岡先生ということになっていました。それはそれでまちがっているわけではありませんが、岡先生には独自の目標があり、岡先生はその究極の目的地をめざして歩みを進めたものの、ついに到達することができませんでした。岡先生の論文集にはその間の消息が率直に語られています。通常のテキストを読むだけでは決してわからないことで、「一番はじめの人の作品」を読むということの意義をありありと教えてくれる出来事でした。

第七報の序文を見ると、内分岐領域の解明に向おうとする強靱な意志がはっきりと伝わってきます。しかも、これができなければ代数関数さえ考えることができないときっぱりと言い添えられているのですから、岡先生の究極のねらいが多変数の代数関数論の建設にあったこともまた諒解されます。後年、岡先生の評伝を書く決意を固めてフィールドワークに取り組んでいたとき、岡先生が遺した研究記録の山を閲覧したことがあります。その中に十三個の大型封筒があり、封筒の表に「リーマンの定理」と書かれていました。表題を見た瞬間に心が躍り、同時に「ああ、やっぱりそうだったのだ」という思いに包まれて、しみじみとうれしく思ったことでした。

第一の封筒におさめられた研究記録の初日の日付は一九六一年の大晦日十二月三十一日。この時点で岡先生は満六十歳です。目標は多変数の代数関数論の構築で、岡先生の数学的意図は「リーマンの定理」という通し表題によく象徴されています。

多変数の代数関数論

岡先生がめざしたのはあくまでもハルトークスの逆問題であること、ハルトークスの逆問題はレビの問題とは別の問題であることは、岡先生の論文集を読むまではわかりませんでした。これだけでも驚くべき事態ですし、原典、すなわち「一番はじめの人」の作品を読まなければわからないことは確かにあることを痛感させられました。この明快な事実は優に古典研究の契機になりえます。岡先生の論文集を読んだのと同じ心でガウスやオイラーを読めば、どれほどおもしろいだろうとしきりに思ったことでした。

岡先生はハルトークスの逆問題をはじめ単葉な領域で解き、続いて内分岐しない有限領域において解きました。岡先生の多変数関数論研究にはさらにその先に究極のねらいがあり、しかもそれはついに未解決に終わったとは、岡先生の論文集を読むまでは知る由もありませんでした。それは「内分岐領域においてハルトークスの逆問題を解くこと」で、不定域イデアルの理論を構築したのもそのためでした。内分岐領域においてハルトークスの逆問題が解ければ、それで多変数関数論の基礎理論が確立し、一変数関数論の場合でいうとリーマンの学位論文「一個の複素変化量の関数の一般理論の基礎」(一八五一年)に相当するところまで進んだことになります。それから先はどうなるかというと、リーマンは代数関数論の建設に歩を進め、「アーベル関数の理論」という論文を書きました。岡先生はまだ十代の第三高等学校(旧制)の生徒のころからリーマンを憧憬し、リーマンのように歩もうという理想を抱いていましたので、多変数の代数関数論の建設が究極の夢になったのであろうと思います。

代数関数論を語る言葉は論文集の中にも散見します。第七論文は不定域イデアルの理論を叙述する偉大な作品ですが、序論を見ると、そこに代数関数の一語があり、内分岐点の考察がなければ代数関数を扱うことさえできないという主旨の言葉が記されています。内分岐領域の理論ができなければ代数関数論に進むのは本当は無理なのにもかかわらず、六十代の岡先生は「リーマンの定理」という表題のもとで研究ノートを書き始めました。数年にわたって書き継がれ、遺された大量のノートを概観すると、多変数の代数関数論を模索して孤高の思索を重ねるひとりの数学者の姿がありありと浮かび上がってきます。

古文献の世界

「リーマンの定理」の「リーマン」というのはベルンハルト・リーマンのことで、岡先生が深く憧憬していた十九世紀のドイツの数学者です。岡先生の多変数関数論研究の源泉を見たいという気持ちに誘われて、岡先生とともにリーマンを思うという道筋がごく自然に開かれていったのですが、リーマンは一複素変数関数論に基礎を据えるとともに「アーベル関数の理論」という大きな理論を構築した人でもありました。アーベル関数論のほかにもフーリエ級数の収束性を論じた論文、幾何学の基礎を論じた論文、素数分布を論じた論文などがあります。リーマンの論文はとても少なく、リーマン自身の手で公表された論文は十一篇しかないにもかかわらず、ひとつひとつが数学に新生面を開くという性質のものばかりです。岡先生の論文もわずかに十篇を数えるにすぎませんが、一篇ごとに多変数関数論の曠野が開拓されていきました。このようなところもリーマンと岡先生はとてもよく似ています。

一変数関数論の建設を受けて、変数の個数を増やしていくとどうなるのかというふうに進もうとする道筋は、いかにも自然な歩みに見えたとしても実際にはありえません。肝心なのは理論そのものというよりも理論形成の動機です。リーマンの一変数関数論はアーベル関数論を経由してはじめて多変数関数論と連繋するのですから、逆に見ると、アーベル関数論にたどりつくには岡先生の論文集を始点として多変数関数論の形成史を遡行していかなければなりませんでした。

歴史をさかのぼるとはいうものの具体的にはどうしたらよいのでしょうか。糸口の所在はおのずと明らかというわけではありませんので、探索を試みなければなりません。岡先生の論文集から出発するというのであれば、岡先生自身が思索の手掛かりとしたさまざまな論文や著作を追うという方針が成立しそうです。

一九三四年にドイツの数学者ベンケが学生のトゥルレンの協力を得て『多複素変数関数の理論』という小さな本を出しました。この時点までの多変数関数論の状況を概観するというおもむきの本で、文献目録が充実しているところに特徴があります。岡先生はこの本を入手して、そこに列挙されている文献を参照して研究計画を立てたのですから、ぼくもまた岡先生のようにベンケとトゥルレンの著作に手掛かりを求め、岡先生が読んだ文献を直接読んでみたいと思いました。これを実行したのが古典研究のはじまりです。

岡先生以前の多変数関数論というと、「ヴァイエルシュトラスの予備定理」のヴァイエルシュトラス、「連続性定理」のハルトークス、「レビの問題」のE・E・レビ、「クザンの問題」のクザン、「ポアンカレの問題」のポアンカレなどという一群の数学者たちの名が次々と念頭に浮かびます。わけてもハルトークスとレビの名は特別に重く心に響きました。多変数関数論の形成史においてハルトークスが特別の位置を占めるのはなぜかというと、岡先生の多変数関数論研究の中核に位置する課題は「ハルトークスの逆問題」を解くことであり、しかもこの問題はハルトークスが発見した「ハルトークスの連続性定理」の中に芽生えているからです。

もう少し具体的にいうと、「ハルトークスの連続性定理」そのものが即座にハルトークスの逆問題を提示するというのではなく、この問題は岡先生が「ハルトークスの連続性定理」を素材として造形したのであり、その創造の契機となったのがレビの論文です。レビは「レビの問題」を残しました。ハルトークスは多変数関数論の基礎理論の構築に寄与する重要な論文をいくつも書きました。論文集はありませんので、いろいろな学術誌を見てコピーを揃えて読みふけったものでした。ハルトークスの名を冠する「連続性定理」は一九〇六年の論文「多変数関数の場合におけるコーシーの積分公式からの二、三の帰結」に出ています。

レビについては全二巻の論文集があり、入手も可能でしたので当初はそれを見ていました。レビには二篇の必読の論文があります。そのうちイタリアの学術誌に掲載された原論文のコピーを手に入れました。イタリア語で書かれていて語学上の敷居が高く、乗り越える決意を新たに、『イタリア語四週間』(大学書林)というテキストと伊和辞典を頼りに解読につとめました。これらの論文ばかりではなく、古典はみな翻訳を作りながら読み、ひと通り読み終えたら再読、再再読を繰り返し、そのつど訳文の校訂を重ねました。たいへんな時間を要する作業が打ち続く日々の中で、同じ論文でも読み返すたびに何かしら新たに気づくところがあるのは不思議でした。

源泉を求めて

ハルトークスの逆問題が生れた背景をさらに考えていくとリーマンやヴァイエルシュトラスのアーベル関数論に出会い、そのアーベル関数論の根底を探索していくと「ヤコビの逆問題」に出会います。ヤコビはアーベルがアーベル積分(代数関数の積分の呼称)を対象にして発見した「アーベルの加法定理」を観察し、そこからヤコビの逆問題を取り出したのでした。これに加えて、アーベル積分の世界の根底に立ち返るとアーベル、ヤコビの楕円関数論に出会います。しかもアーベルの全集を眺めると、ここかしこにガウスの大きな影が射している様子がありありと目に映じます。そこでガウスを出発点と定めて歴史の流れに沿って歩みを進めていけば、おのずと岡先生の論文集にたどりつくのではないかと思われました。

岡先生の論文集に沈潜した結果、不思議なことに岡先生以降の多変数関数論の変遷状況を追っていこうとする気持ちが消失し、かえって岡先生の研究が出現するまでの経緯を追いたいと願うようになりました。多変数関数論の出発点までさかのぼり、そこから川の流れに沿って名所旧跡の観察を楽しみながらおのずと岡先生の論文集に及ぶというふうにしたいというのが、当初の望みでした。それが古典研究の動機です。

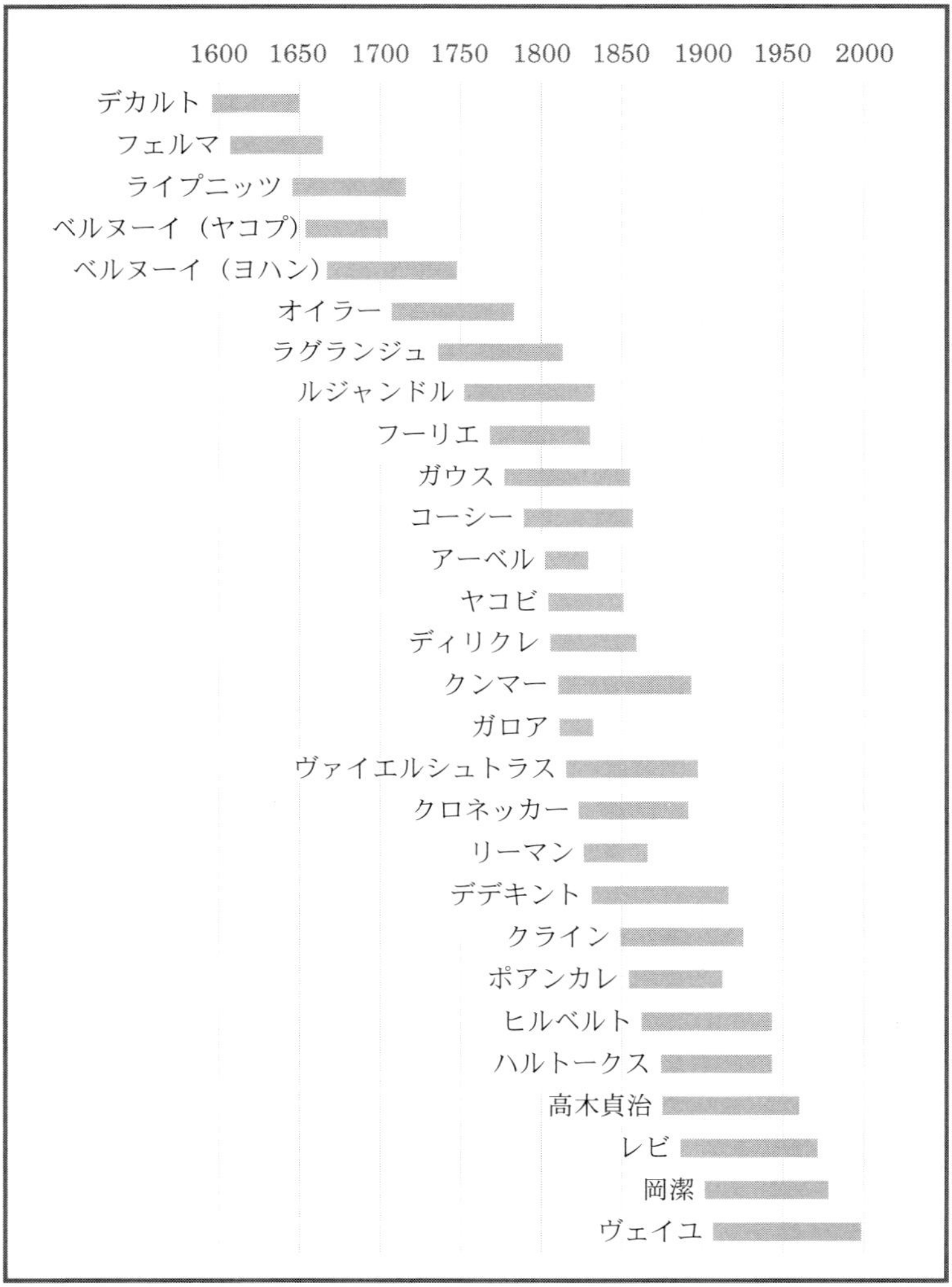

本書に登場するおもな数学者の年表

第一章
ガウスの著作『アリトメチカ研究』の解読をめざして

・ガウスの数論は、一七七五年の年初の「あるすばらしいアリトメチカの真理」の発見に始まる。それは、今日の数論でいう平方剰余相互法則の第一補充法則である。

・ガウスは二次形式の種の理論を構築し、そこから平方剰余相互法則の証明を取り出した。ガウスの二次形式論の真意がそこに読み取れる。

・円周等分方程式論からガウスの和の数値決定へと向い、そこから平方剰余相互法則の証明を取り出そうとした。円周等分方程式論が数論でありうる理由がそこにある。

多変数関数論に寄せる関心のいろいろ

数学史研究の契機は岡潔先生の論文集とともにもたらされました。多変数関数論の形成過程を遡行して岡先生に先行する時代へとさかのぼっていくと、リーマンとヴァイエルシュトラスを経由してアーベルとヤコビに行き当たります。反対に、岡先生の論文集が開いた世界のその先を展望すると、多変数の代数関数論という、あまりにも神秘的な印象に覆われた理論が見え隠れしています。多変数代数関数論は実際には存在しないのですから、目に映じるのは幻影のような気配にすぎません。それでもなおその存在を確信して探索を続ける岡先生の姿を垣間見て、強く心を惹かれたのでした。

リーマンとヴァイエルシュトラスのアーベル関数論は一変数の代数関数論から生れた理論であり、アーベル関数それ自体は多複素変数の解析関数です。探究の場所は一個の複素変数の関数の理論なのに、どうしてこんなところに多変数関数が現れるのだろうと、かえって不可解なほどで、リーマンやヒルベルトのような人びとにとって多変数関数論はまぼろしの理論と見られていたのではないかという印象を受けたものでした。ヒルベルトは積極的に多変数解析関数を口にしていたものの、心のカンバスに全容のスケッチを描くまでにはいたりませんでした。

アンドレ・ヴェイユはまだ十代のときに多変数関数論に関心を抱き、一変数関数論の根幹を作るコーシーの定理を多変数関数論に移すことを考えたりしていました。友人のアンリ・カルタンに多変数関数論のおもしろさを語って触発したのもヴェイユですし、ハルトークスとレビの諸論文にいち早く着目してアダマールのゼミで報告したのもヴェイユでした。ヒルベルトは独自に多変数のモジュラー関数を考案してノートを書いていて、それをブルメンタールにわたしたという話が伝えられています。ブルメンタールはヒルベルトのノートに基づいて論文を書きました。ジーゲルもまた多変数のモジュラー関数を考えていましたから、これで多変数のモジュラー関数は二つになりました。

ヴァイエルシュトラスが多変数関数論に関心を寄せていたことは明白で、ヴァイエルシュトラスの名を冠する「ヴァイエルシュトラスの予備定理」などが提示されました。ポアンカレもまた多変数関数論に関心を示し、有理型関数を二つの正則関数の商の形に表示する問題を考察して「ポアンカレの問題」を残しました。ポアンカレに学んだ人にクザンがいて、はじめカン（フランス北西部の都市）のギムナジウムの教師になり、後にボルドー大学の教授になりました。クザンはクザンの名を冠する二つの問題、すなわち「クザンの第一問題（多複素変数の空間内の領域において非本質的特異点の分布を指定し、それを許容する有理型関数を作る問題）」と「クザンの第二問題（零点の分布を指定し、それを許容する正則関数を作る問題）」により、多変数関数論の世界に刻印されました。

ヒルベルトの第十二問題

岡先生が模索した多変数代数関数論の姿形は明らかではないのですが、大量の遺稿の山を目の当たりにすると、見えないものの影をどこまでも追い求めて思索を続ける晩年の岡先生の姿が彷彿としてしみじみと心を打たれます。内分岐領域の理論ができない以上、代数関数論が成立する可能性はとぼしく、豊かな実りが期待できないことは承知したうえで、それでも岡先生は探索を試みずにはいられなかったのでしょう。

見えないものを探索するというのは奇妙な印象がありますが、西欧近代の数学史にはガウスの数論という恰好の事例が存在します。それは高次冪剰余相互法則のことで、ガウスはまだ十七歳のときに「存在すること」を確信し、長い歳月にわたって思索を続け、五十歳を越えてようやく四次の冪剰余相互法則を発見しました（第二章参照）。存在することに寄せる確信に誘われるままにひとり歩み続け、実際に見つかったのですから驚くほかはありません。真に偉大な数学者のみに許される足どりです。

このような経緯がありましたので、岡先生の論文集の先にあるもの、もっと正確に言うと、岡先生が心に描いていた多変数の代数関数論というのはいったいどのようなものなのだろうということが、絶えず気に掛かるようになりました。それとともに、それなら一変数の代数関数論はどのようなものだったのかという疑問もあらためてわき起こるというふうで、関心のおもむくところはまたしてもリーマンやヴァイエルシュトラスの世界でした。

代数関数は関数の一種ですから、それならそもそも関数とは何かという問題に直面するのも自然な成り行きです。この問題を考えていくとオイラーに行き着きますし、オイラー以前の微積分の世界が気に掛かってくるのですが、当初はガウス以前までさかのぼるという考えはありませんでした（オイラーについては第五章参照）。

ガウスの解読から始めようという考えに傾いた理由として、もうひとつ、数論への関心に誘われたという事情があります。多変数関数論の進んでいく先に開かれる世界ということを考えていたころ、あるときヒルベルトの伝記（コンスタン・リード『ヒルベルト――現代数学の巨峰』弥永健一訳、岩波書店、一九七二年）を読み、「ヒルベルトの第十二問題」を知りました。一九〇〇年八月、三十八歳のヒルベルトはパリで開催された国際数学者会議において「数学の将来の問題について」という題目を立てて講演し、全部で二十三個の問題を提示しました。そのうち第十二番目に挙げられているのは「アーベル体に関するクロネッカーの定理の、任意の代数的有理域への拡張」という問題です。課されているのは解析関数の特殊値による類体の構成で、しかも驚くべきことにその解析関数は多変数の解析関数であることが明記され、この問題を追い求めていけば「多変数解析関数論は本質的な利益を受けるであろう」と、ヒルベルトは夢のような所見を語るのでした。

Wie wir sehen, treten in dem eben gekennzeichneten Problem die drei grundlegenden Disciplinen der Mathematik, nämlich Zahlentheorie, Algebra und Functionentheorie in die innigste gegenseitige Berührung und ich bin sicher, daß insbesondere die Theorie der analytischen Functionen mehrerer Variabelen eine wesentliche Bereicherung erfahren würde, wenn es gelänge, *diejenigen Functionen aufzufinden und zu diskutiren, die für einen beliebigen algebraischen Zahlkörper die entsprechende Rolle spielen, wie die Exponentialfunction für den Körper der rationalen Zahlen und die elliptische Modulfunction für den imaginären quadratischen Zahlkörper.*

ヒルベルト「数学の問題」のうち，第12問題より．４行から５行にかけて，“Theorie der analytischen Functionen mehrerer Variabelen”（多変数解析関数の理論）という言葉が見える．

リーマンを憧憬して多変数代数関数論の夢を紡ぐ岡先生。クロネッカーに共鳴し、クロネッカーの定理の延長線上にあるものの実在を確信するヒルベルト。数学以前の数学、いわば未生の数学に充溢する憧憬と共鳴の場こそ、数学の魔力の泉であることを、岡先生とヒルベルトは鮮明に語っています。

ヒルベルトのいう「多変数解析関数論」の原語は Theorie der analytischen Funktionen mehrerer Variablen（ドイツ語）ですが、岡先生の論文の統一表題の原語は Sur les fonctions analytiques de plusieurs variables（フランス語）で、ここにも同じ「多変数解析関数」という言葉が見られます。

第十二問題は数論と関数論が出会う場において成立する問題です。ヒルベルトが「ヒルベルトの問題」を公表したころはまだ「クロネッカーの青春の夢」（第四章参照）も解決されず、多変数関数論もハルトークスの研究が出現する前のことでしたから、ヒルベルトはどうしてこのようなところで多変数解析関数を持ち出したのだろうといぶかしく思い、同時に不思議な感動に襲われたものでした。状況はいかにも謎めいていましたが、ともあれこれで多変数関数論と数論が心の中で連繫することになりました。

こうしてみると多変数関数論はいろいろな人に関心をもたれていた様子がうかがわれます。リーマンが一変数の場合に学位論文で遂行したような一般理論を作るということになるとなかなかむずかしく、断片的な事柄のあれこれがぽつぽつと見つかるという状況が長く続いたことを思うと、一般理論の建設に向っていった岡先生の研究の意義があらためてわかります。

アーベルに向う心とガウスを読む決意

こんなふうに考えながら多変数関数論の源泉を探索していくと、リーマンとヴァイエルシュトラスの一変数の代数関数論にたどりつきます。この理論の主問題は「ヤコビの逆問題」です。ヤコビの逆問題はその名のとおりヤコビが提出したもので、ヤコビはアーベルの超楕円積分論に深い影響を受けています。超楕円積分は楕円積分の延長線上に出現する積分で、この積分の理論を最初に手掛けたのはアーベルで、アーベル自身は完全に一般的なアーベル積分の考察にもすでに手を染めていて、一八二六年の夏から冬にかけてパリに滞在したおりに「パリの論文」と呼ばれる長大な論文を書きました。

このような諸事情が飲み込めてくるにつれてアーベルの姿が大きく浮上してくることになりました。ではアーベルはどのようにして数学に向ったのかというと、ガウスの影響が際立っています。

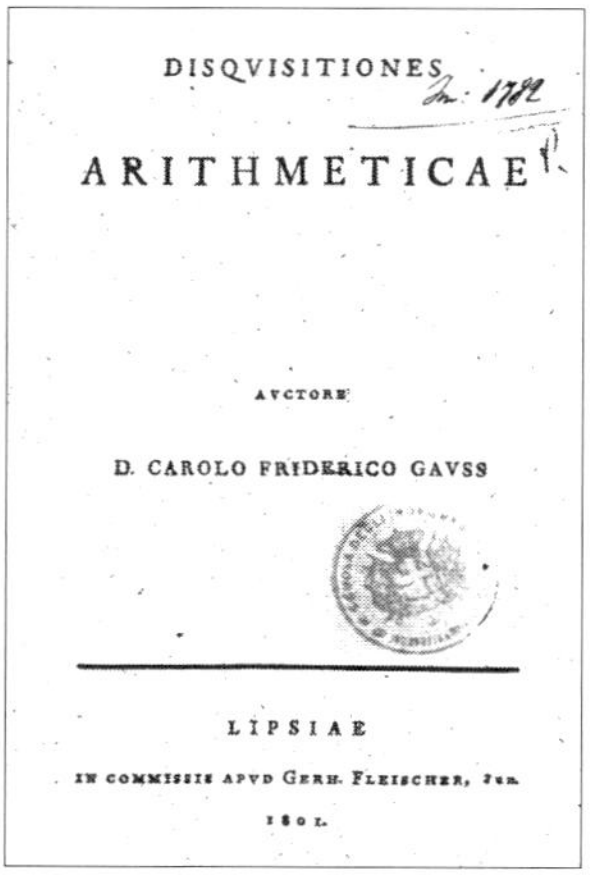
DISQVISITIONES

ARITHMETICAE

AVCTORE

D. CAROLO FRIDERICO GAVSS

LIPSIAE

IN COMMISSIS APVD GERH. FLEISCHER, Iun.

1801.

Ceterum principia theoriae, quam exponere aggredimur, multo latius patent, quam hic extenduntur. Namque non solum ad functiones circulares, sed pari successu ad multas alias functiones transscendentes applicari possunt, e. g. ad eas quae ab integrali $\int \frac{dx}{\sqrt{(1-x^4)}}$ pendent, praetereaque etiam ad varia congruentiarum genera: sed quoniam de illis functionibus transscendentibus amplum opus peculiare paramus, de congruentiis autem in continuatione disquisitionum arithmeticarum copiose tractabitur, hoc loco solas functiones circulares considerare visum est. Imo has quoque, quas summa generalitate amplecti liceret, per subsidia in art. sq. exponenda ad casum simplicissimum reducemus, tum breuitati consulentes, tum vt principia plane noua huius theoriae eo facilius intelligantur.

（左）ガウス『アリトメチカ研究』，表紙．（右）ガウス『アリトメチカ研究』，第７章の冒頭．６行目にレムニスケート積分が書かれている．

ガウスの著作『アリトメチカ研究』の第七章のテーマは円周等分方程式論で、書き出しのあたりに一個のレムニスケート積分がぽつねんと現れて、この積分に依拠する超越関数に対しても円周等分方程式論と同じような理論が成立すると記されています。アーベルはこの謎めいたひとことに誘われて、「楕円関数研究」という論文を書きました。これがアーベルの楕円関数論のはじまりです。

こうしてリーマンとヴァイエルシュトラスに先立ってアーベルとヤコビがいて、さらにその前にガウスがいるという、数学者の世界における地形図の輪郭が次第に明瞭さを増していきました。ところがガウスの著作『アリトメチカ研究』のテーマはあくまでも数論です。数論の名のもとに円周等分方程式という特殊なタイプの代数方程式の解法が取り上げられていて、しかもそこには超越関数の影さえ射し込んでいます。数論の問題を語りながら多変数解析関数に言及したヒルベルトの不思議な言葉が、ここにおいてあらためて思い合わされて心が躍り、何はともあれ真っ先にガウスを読まなければならないと決意を新たにすることになりました。

古代ギリシアの数学を継承して

西欧近代の数学には数論の泉が二つ存在するというのは古典研究に打ち込み始めてからこのかた三十年来の主張です。泉のひとつはフェルマ、もうひとつの泉はガウスです。フェルマの数論の契機となったのは古代ギリシアの数学者ディオファントスの著作と伝えられる『アリトメチカ』であり、ガウスの数論の場合、フェルマにおけるディオファントスに対応するのは、強いて言うならばユークリッドの『原論』でした。『原論』には正三角形と正五角形の作図が取り上げられていることと、若い日のガウスが円周の幾何学的十七等分の可能性を発見したという事実に鑑みて、ガウスに及ぼされた『原論』の影響ということが考えられそうなところですが、それならガウスは『原論』を手掛かりにして数論に向かう道を発見したのかというと、そういうわけではありません。『原論』がガウスの数論形成のきっかけになっているのはまちがいないとしても、『原論』は数学に関心を抱く人びとがみな親しんでいた古典ですし、それに、正十七角形の幾何学的作図の可能性はそれ自体としては初等幾何の範疇に所属する事実です。そこに数論の萌芽を見たのはどこまでもガウスに固有の創意のなせる業《わざ》であり、『原論』は関係がありません。

ガウスが数学的思索をはじめたころはもう十八世紀も終わりがけでしたし、西欧近代の数学もデカルトからこのかたすでに二百年ほどの歳月が流れていました。ガウスの前には幾人かの偉大な先人がいることはいるものの、ガウスはほとんどだれの影響も受けませんでした。一八〇一年の著作『アリトメチカ研究』にはオイラーやラグランジュの名前がしばしば登場しますが、ガウスにとって深い意味をもつわけではなさそうで、単に自分が発見した事柄をオイラーとラグランジュも気づいていたということを確認するだけの作業にすぎません。

ガウスの数論にはすみずみまでガウスひとりの創意が充満しています。それでもユークリッドの『原論』がなければ正多角形の作図ということに思いいたることもなかったでしょうから、その意味においてガウスの数論には古代ギリシアの数学のこころが生きています。

ガウスの数論と古代ギリシアの数学との関係は「継承と創造」という言葉がぴったり当てはまります。では、この観点から見ると代数方程式論などはどのように見えるでしょうか。代数方程式の解法のことでしたら、古代ギリシアというよりもむしろ九世紀のアラビアの数学者アル＝フワーリズミーの名に言及したい気持ちに駆られます。このあたりから説き起して観察していくと、代数方程式論において画期をなすのはやはり三次と四次の代数方程式の解法の発見ではないかと思います。十六世紀のイタリアの数学者たちの手で摘まれた大きな果実であり、代数方程式論が真に歩み始めるのはこのあたりからです。

代数方程式論はベズー、チルンハウス、オイラーなど、幾人もの人びとによる五次方程式の解法の探索、ラグランジュの「省察」、ガウスの円周等分方程式論と歩を進め、アーベルの「不可能の証明」、アーベル方程式の理論、ガロアの「ガロア理論」、クロネッカーの虚数乗法論へと広々と展開しました。これらは古代ギリシアの数学とは関係がありません。強いて言うなら、ガウスの円周等分方程式論は正多角形の作図問題を代数方程式論の世界に移し、代数の力を借りて解決しようとする理論ですので、そこにわずかな接触点が露呈しています。

アリトメチカと「数の理論」

ガウスの『アリトメチカ研究』は整数論の本ですから「関数とは何か」という問いとは無関係のように見えますが、必ずしもそうとも言い切れない節《ふし》がありました。この書物の第七章の円周等分の理論で展開されている円周等分方程式の解法を見ると、円周等分方程式の根を複素変数の指数関数の特殊値として表示して、指数関数の性質に依拠して諸根の相互関係を洞察するというところにガウスの方法の真意が認められます。指数関数、それも複素変数の指数関数が整数論の書物に公然と顔を出している光景は瞠目に値します。しかも第七章の冒頭に一個のレムニスケート積分が唐突に出現し、この積分に関連する超越関数に対しても、円周等分の理論と類似の理論が成立すると語られているのですから驚くほかはありません。

レムニスケート積分に関連する関数というのはレムニスケート関数のことで、楕円関数の仲間です。このような断片を目にすると、ガウスの数学的世界では楕円関数と整数論が緊密に連繫しているという印象がおのずと形成されて心を惹かれ、何かしら神秘的な数字的世界の建設がここに始まろうとしているという思いに襲われました。アーベルの論文「楕円関数研究」とともに、古典研究の計画の真っ先に『アリトメチカ研究』を掲げた理由はこのあたりにあります。

『アリトメチカ研究』の原書名はDisquisitiones Arithmeticae（ディスクィジティオネス・アリトメティカエ）といい、ラテン語で表記されていて、目に入る単語はわずか二つです。disquisitionesは「研究」という意味の名詞の複数形ですから、これについては問題はありません。arithmeticaeは名詞のように見えるのでつい「アリトメチカの」という訳語をあてたくなりますが、実は形容詞です。そこで、ガウスの著作の書名は「アリトメチカ的研究」、言い換えると、「アリトメチカに関するいろいろな事柄の研究」というほどの意味合いになります。ここにおいて問題になるのはアリトメチカの一語です。

この言葉自体は古いギリシアの数学にも現れていて、全十三巻で編成されているユークリッドの『原論』でも、第七、八、九巻はアリトメチカにあてられています。「数の理論」という意味ですので、日本語の文献ではガウスの著作にはよく『整数論考究』『数論研究』などという訳語が割り当てられますが、もう少し考えてみると、今度は「整数論」とか「数論」という言葉が気に掛かります。この言葉の原語は英語なら Theory of Numbers や Number Theory が該当します。フランス語でもドイツ語でも同類の表記になりますが、西欧近代の数学の流れを観察すると、最初の使用例はルジャンドルの著作 "Essai sur la théorie des nombres"（『数の理論のニッセイ』、一七九八年）の書名です。ここに見られる théorie des nombres という語句をそのまま訳出すると「数の理論」になり、実はこれが西欧近代の数学史における「数論」という言葉の初出です。

古代ギリシア以来の伝統を背負うアリトメチカという言葉は次第に使用例が減少し、代わって「数論」が広く受け入れられるようになりました。ガウスの著作に見られるアリトメチカの一語に「数論」という訳語を当てるようになったのもそのためです。「アリトメチカ」は伝統を負い、「数論」にはルジャンドル個人の意志が働いていることに鑑みると、「数論」に統一するのはあまりよくないのではないかと思います。

ガウスの著作の書名の邦訳をめぐって

アリトメチカに数論という訳語をあてるのは当初からどうも気が進みませんでした。そうかといってよい対案を持ち合わせていたわけでもありませんので、はじめのうちは広く行われていた流儀にならって、ガウスの著作の書名を『数論研究』と訳していたものでした。平成七年（一九九五年）になってようやく翻訳書の刊行にこぎつけて、それに先立って関係者の間で書

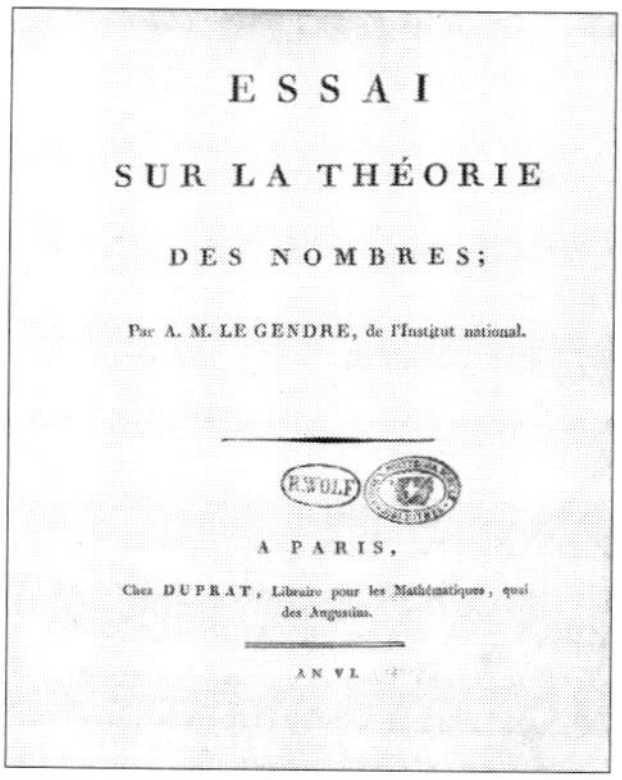
ESSAI

SUR LA THÉORIE

DES NOMBRES;

Par A. M. LE GENDRE, de l'Institut national.

A PARIS,

Chez DUPRAT, Libraire pour les Mathématiques, quai des Augustins.

AN VI.

ルジャンドル『数の理論のエッセイ』，表紙.

名をどうするかという話し合いが行われたことがあり、曲折の末に『ガウス整数論』という穏当な書名に落ち着いたことが思い出されます。

翻訳書の書名はこれでよいとして、「アリトメチカ」と「数論」の関係はそれからもいつも心に掛かり、書名の訳語としてはやはりこれではまずいのではないかという考えに傾いて、このごろはガウスの著作は『アリトメチカ研究』、ルジャンドルの著作は『数の理論のエッセイ』と使い分けるようにしています。それでまた気に掛かるのは、ルジャンドルがあえて「数の理論」という新しい言葉を持ち出したのはなぜかということで、本当のところはよくわかりません。ルジャンドルに先立ってラグランジュの論文の中に「数の科学」という言葉を見出だしたことがあり、あるいはこの一語がルジャンドルに影響を及ぼしたのだろうかと思ったりもしました。ラグランジュ自身はアリトメチカという言葉もごく普通に使っています。

アリトメチカという、古代ギリシア以来の伝統を負う言葉を放棄して、数論という即物的な用語が提案されたということの背景には、もしかしたら十八世紀から十九世紀へと移り行くころに、数学の世界全体において起りつつあった大きな動きが控えているのかもしれません。ほかにもいろいろな事例が挙げられるとよいのですが、ここではとりあえずそのような問題があることのみを書き留めておきたいと思います。

古典研究の計画を立てる

多変数関数論と数論の共通の泉はどうやらガウスの『アリトメチカ研究』と見てまちがいないという確信が次第に固まってきましたので、ともかくこのガウスの著作を読むという方針が定まりました。この著作が多変数関数論の泉でもあったということの意味は、複素変数関数論の歩むべき道筋がそこに潜在しているということであり、一変数でも多変数でも複素変数関数論が具体的に語られているわけではありません。その秘められた道筋の存在を洞察したのはアーベルで、アーベルは論文「楕円関数研究」においてガウスがはっきりと語らなかった事柄の相当の部分を明るみに出すことに成功しました。そこで、『アリトメチカ研究』と並行してアーベルの「楕円関数研究」を読むという、もうひとつの方針が定まりました。この二つについては迷いはなかったものの、そこから先はどこまで手を広げたらよいのかと考えると、なんだか茫漠とした思いに心が覆われたものでした。

古典研究ということになれば原典をそのまま読むのが基本中の基本の作業になります。では、数学の原典というのはいったいどれくらいあるのでしょうか。オイラーの全集は八十巻を越えてなお未完結。ラグランジュの全集は全十四巻。ガウスの全集は全十二巻、十四冊。ガウス以降の数学者たちの名を回想すると、アーベルを筆頭にして、ヤコビ、アイゼンシュタイン、ディリクレ、ヴァイエルシュトラス、リーマン、クンマー、クロネッカー、デデキント、エルミート、ポアンカレ、ヒルベルト等々と、偉大な数学者たちの名が次々と念頭に浮かびます。オイラー以前にも数学者はいて、ライプニッツ、ベルヌーイ兄弟（兄とヤコブと弟のヨハン）、フェルマ、デカルトなどという人たちは、微積分の形成史を考えるうえでどのひとりも欠かせません。これに加えてニュートンなども気に掛かるところです。この広大無辺の文献の山を、どうしたら読破することができるのでしょうか。

ガウスの数論のはじまり

『アリトメチカ研究』の緒言を読み進めると実に興味の深い言葉に出会います。一七九五年のはじめころというとガウスはまだ満年齢で十七歳にすぎず（この年の四月に十八歳になります）、ガウス自身の語るところによると、当時のガウスは数の理論について何も知りませんでした。フェルマ、オイラー、ラグランジュ、ルジャンドルが成し遂げたことのあれこれも知ら

Ne quis vero miretur, scientiam hic a primis propemodum initiis repetitam, multasque disquisitiones hic denuo resumtas esse, quibus alii operam suam iam nauarunt, monendum esse duxi, me, quum primum initio a. 1795 huic disquisitionum generi animum applicaui, omnium quae quidem a recentioribus in hac arena elaborata fuerint ignarum, omniumque subsidiorum per quae de his quidpiam comperire potuissem expertem fuisse. Scilicet in alio forte labore tunc occupatus, casu incidi in eximiam quandam veritatem arithmeticam (fuit autem ni fallor theorema art. 108), quam quum et per se pulcherrimam aestimarem et cum maioribus connexam esse suspicarer, summa qua potui contentione in id incubui, vt principia quibus inniteretur perspicerem, demonstrationemque rigorosam nanciscerer.

108. Theorema. *Omnium numerorum formae 4n + 1, — 1 est residuum quadraticum, omnium vero numerorum primorum formae 4n + 3, non-residuum.*

（上）ガウス『アリトメチカ研究』緒言より．6行目に「1795年」と記されている．12–13行目に“eximiam quandam veritatem arithmeticam”（あるすばらしいアリトメチカの真理）という言葉が記されている．eximiam は eximius の変化形（女性，単数，対格）で，「常軌を逸した」「驚くべき」「並はずれた」「抜群の」という意味の形容詞．ここでは「すばらしい」という訳語をあてた．

（下）ガウス『アリトメチカ研究』より．冒頭の第108条に，「-1は$4n+1$という形のあらゆる素数の剰余であり，$4n+3$という形のあらゆる素数の非剰余である．」という定理が記されている．これはガウスが1795年の年初に発見した「あるすばらしいアリトメチカの真理」で，今日の数論でいう平方剰余相互法則の第１補充法則である．

ず、数論を学ぶための補助的な手段なども何ひとつ持ち合わせがなく、しかも、そのころは数論とは別の研究に没頭していました。そのような日々の中で、あるときたまたま「あるすばらしいアリトメチカの真理」に遭遇したというのです。それは『アリトメチカ研究』の第一〇八条に出ている命題で、今日の語法でいうと平方剰余相互法則の第一補充法則にほかなりません。

ガウスの書いた著作や論文を直接読むと、数学的発見にいたるまでの経緯や、その間の心情などが率直に語られていて深い感慨に誘われることもしばしばです。そのような心の世界の消息がありありと伝わってくるのも原典ならではのおもしろさです。実際、ガウスの数論が平方剰余相互法則の第一補充法則の発見に始まるなどというエピソードは、ガウス自身の著作以外の書物では見たことがありません。

ルジャンドルの相互法則とガウスの基本定理

古典を読む愉しみのひとつは「一番はじめの人」の肉声が直接聞こえてくるところにあります。西欧近代の数学において、数論の領域には一番はじめの人は実は二人いて、ひとりはフェルマ、もうひとりがガウスです。ガウスは数論に向うようになった動機を率直に語り、契機になった出来事として、平方剰余相互法則の第一補充法則の発見を挙げました。この法則自体は数論の断片にすぎません。ところがガウスはさらに言葉を続け、「その真理自体にもこの上もない美しさを感じたが、そればかりではなく、それはなおいっそうすばらしい他の数々の真理とも関連があるように思われた」というのです。小さな真理の背後に大きな真理の存在を予感して、しかも単にそんなふうに思ったというのではなく、「全力を傾けて、その真理が依拠している諸原理を洞察し、厳密な証明を獲得するべく考察を重ねた」ということですから、ガウスは一片の予感において深遠な確信を抱いたことになります。

ガウスの言葉は、「私はついに望みどおりの成功を収めたが、そのころにはこのような研究の魅力にすっかりとりつかれてしまい、もう立ち去ることはできなかった」と続きます。その後の足取りを追うと、ガウスは平方剰余相互法則の本体と第二補充法則を発見し、しかも証明にも成功しました。『アリトメチカ研究』には二通りの証明（数学的帰納法による証明と二次形式の種の理論に基づく証明）が記されています。そのことを指して、「望みどおりの成功を収めた」とひとまず言っているのであろうと思われますが、ガウスの数論はそれで終ったわけではありません。「このような研究の魅力」にすっかり心を奪われて、「もう立ち去ることはできなかった」というくらいですから、平方剰余相互法則を越えた世界の存在を予感していたという推定さえ、十分に可能ですし、実際に『アリトメチカ研究』の段階ですでにガウスの目は高次冪剰余の理論へと向けられています。

ガウスは自分の心に立ち現れたあれこれの事柄を淡々と描き留めているだけなのですが、「一番はじめの人」だけが語ることのできる素朴な言葉の数々がたいへんな迫力をもって読む者の心に迫ってきます。

平方剰余相互法則について注意を喚起しておきたいことがいくつかあります。ひとつは「平方剰余相互法則」という言葉そのものに関することで、この言葉は歴史の実際の姿を反映する用語ではありません。クロネッカーが論文「相互法則の歴史について」（一八七五年）において展開した詳細な考証によると、この法則はガウスの出現までに数学史上に三度にわたって出現しました。これを言い換えると、発見した人が三人いて、しかもそれらの発見には相互関係が認められないということにほかなりません。

一番はじめに発見したのはオイラーです。オイラーが大量の論文のあちこちに書き並べたいろいろな命題の中に平方剰余相互法則と同等の命題が存在し、それを指摘したのがクロネッカーです。識別するのはむずかしく、よほどよく見ないととてもわかりそうにないところに目を留めて、クロネッカーの炯眼は正しくこれを見きわめました。二つの補充法則も確かに存在します。ただし、平方剰余相互法則という名に値する命題が単独で取り出されたわけではなく、二つの補充法則もまた平方剰余相互法則の本体に附随する命題として認識されたわけでもありません。それに、オイラーは証明を添えていません。

次に発見したのはルジャンドルで、ルジャンドルはこれを「二つの異なる奇素数の間の相互法則」と呼びました。「相互法則」の一語が読み取れますが、「平方剰余」という言葉はここには見られません。ルジャンドルの相互法則はフェルマの小定理に基礎を置く命題であり、少なくとも観念的に考える限り、平方剰余の世界とは無関係です。それに、対象はあくまでも「二

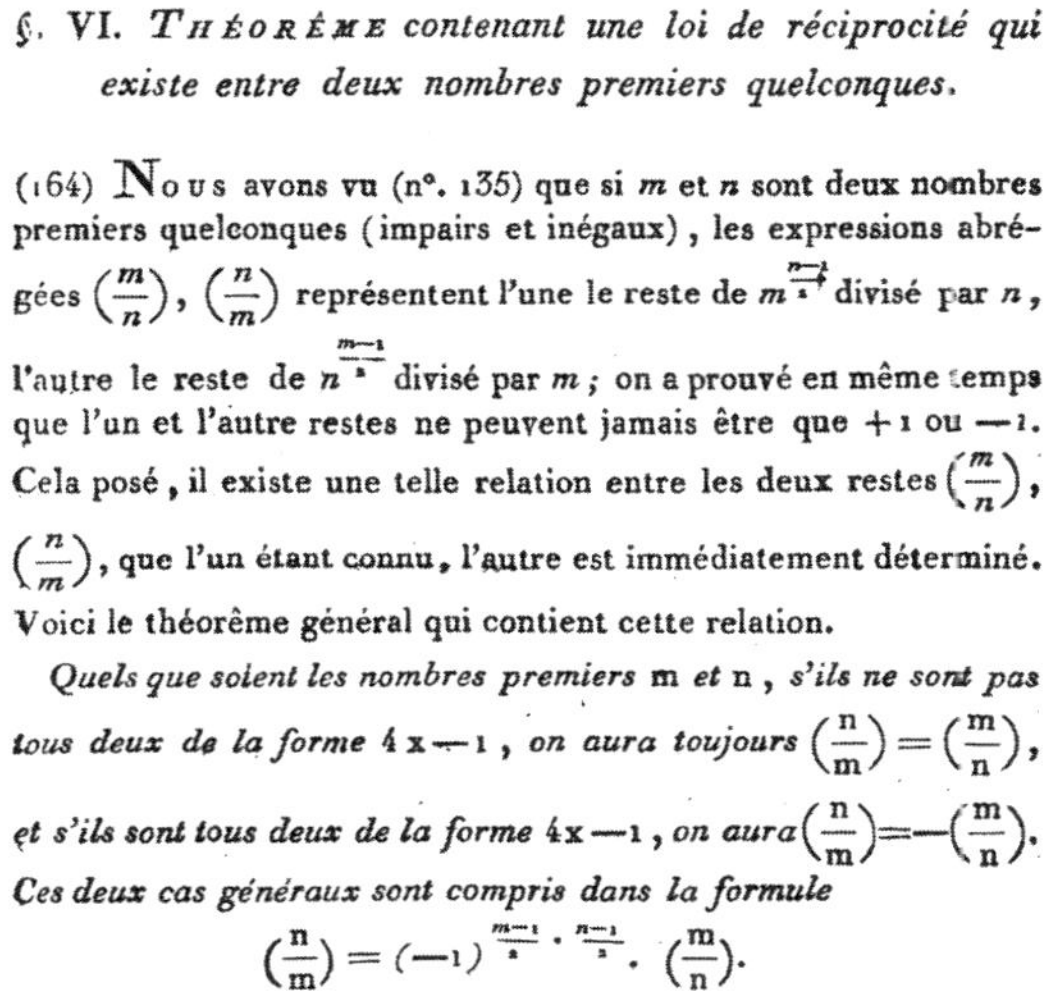

§. VI. *Théorème contenant une loi de réciprocité qui existe entre deux nombres premiers quelconques.*

(164) **Nous** avons vu (n°. 135) que si m et n sont deux nombres premiers quelconques (impairs et inégaux), les expressions abrégées $\left(\frac{m}{n}\right)$, $\left(\frac{n}{m}\right)$ représentent l'une le reste de $m^{\frac{n-1}{2}}$ divisé par n, l'autre le reste de $n^{\frac{m-1}{2}}$ divisé par m; on a prouvé en même temps que l'un et l'autre restes ne peuvent jamais être que $+1$ ou -1. Cela posé, il existe une telle relation entre les deux restes $\left(\frac{m}{n}\right)$, $\left(\frac{n}{m}\right)$, que l'un étant connu, l'autre est immédiatement déterminé. Voici le théorême général qui contient cette relation.

Quels que soient les nombres premiers m *et* n, *s'ils ne sont pas tous deux de la forme* 4x−1, *on aura toujours* $\left(\frac{n}{m}\right)=\left(\frac{m}{n}\right)$, *et s'ils sont tous deux de la forme* 4x−1, *on aura* $\left(\frac{n}{m}\right)=-\left(\frac{m}{n}\right)$. *Ces deux cas généraux sont compris dans la formule*

$$\left(\frac{n}{m}\right)=(-1)^{\frac{m-1}{2}\cdot\frac{n-1}{2}}\cdot\left(\frac{m}{n}\right).$$

ルジャンドル『数の理論のエッセイ』より．下から１行目に「二つの異なる奇素数間の相互法則」を示す等式

$$\left(\frac{n}{m}\right)=(-1)^{\frac{m-1}{2}\cdot\frac{n-1}{2}}\cdot\left(\frac{m}{n}\right)$$

が記されている．「相互法則」の原語は“une loi de réciprocité”．

つの異なる奇素数」ですから、二つの補充法則が伴うという視点は存在しません（ｃｏｌｕｍｎ１参照）。

ガウスはオイラー、ルジャンドルに続く三番目の発見者です。合同式の世界を舞台にして平方剰余の理論の構築をめざし、「平方剰余の理論における基本定理」（ガウスの言葉）を発見したのですが、ここには「相互法則」という言葉は見られません。ルジャンドルのいう「相互法則」とガウスのいう「平方剰余」を合わせると、「平方剰余相互法則」という今日の用語ができあがります。ルジャンドル

論のエッセイ』を俟ってはじめてルジャンドル記号が現れました。

今日の語法ではルジャンドル記号は平方剰余の言葉を基礎にして導入されます。奇素数 p と p で割り切れない数 a に対し、

a が p の平方剰余のとき、$\left(\dfrac{a}{p}\right) = +1$

a が p の平方非剰余のとき、$\left(\dfrac{a}{p}\right) = -1$

と定めるのですが、このように定められたルジャンドル記号に対し、**オイラーの基準**と呼ばれる等式

$$\left(\frac{a}{p}\right) \equiv a^{\frac{p-1}{2}} \pmod p$$

が成立します。それゆえ、この意味でのルジャンドル記号に対しても、上記のルジャンドルの相互法則と同じ形の等式が成立します。ガウスはこれを**平方剰余の理論における基本定理**と呼びました。ただし、ガウスはルジャンドル記号を採用したわけではありません。

ルジャンドル記号を今日の語法にしたがって平方剰余の言葉を用いて導入すると、二つの補充法則

$$\left(\frac{-1}{p}\right) = (-1)^{\frac{p-1}{2}} \qquad \text{（第 1 補充法則）}$$

$$\left(\frac{2}{p}\right) = (-1)^{\frac{p^2-1}{8}} \qquad \text{（第 2 補充法則）}$$

が成立します。ガウスはどちらも発見し、証明に成功しました。

ガウスのいう基本定理には二つの補充法則が随伴しています。これに対し、ルジャンドルの相互法則はどこまでも「二つの異なる奇素数」を対象とするものでした。原型のルジャンドル記号に立ち返ると、第 1 補充法則は主張される事柄が消失してしまいます。第 2 補充法則については、ルジャンドルはこれを知っていましたが、相互法則に随伴する法則として認識していたわけではありません。

●column1● 平方剰余相互法則

p は奇素数、a は p で割り切れない数のとき、フェルマの小定理は合同式 $a^{p-1} \equiv 1 \pmod{p}$ が成立することを教えています。これは $a^{p-1}-1$ が p で割り切れることを意味していますが、

$$a^{p-1}-1 = \left(a^{\frac{p-1}{2}}-1\right)\left(a^{\frac{p-1}{2}}+1\right)$$

と因数分解すると、$a^{\frac{p-1}{2}}$ を p で割るときの余りは、それを $-\dfrac{p}{2}$ と $+\dfrac{p}{2}$ の間に取るとき、$+1$ か -1 のいずれかであることがわかります。ルジャンドルはこの点に着目し、「ルジャンドルの記号」と呼ばれる記号

$$\left(\frac{a}{p}\right)$$

を導入しました。この記号は $+1$ もしくは -1 という値を表すのですが、その定め方は、

$a^{\frac{p-1}{2}}$ を p で割るときの余りが $+1$ のとき、$\left(\dfrac{a}{p}\right) = +1$

$a^{\frac{p-1}{2}}$ を p で割るときの余りが -1 のとき、$\left(\dfrac{a}{p}\right) = -1$

というのです。これがいわば**原型のルジャンドル記号**です。

二つの異なる奇素数 p, q に対しては二つのルジャンドル記号 $\left(\dfrac{q}{p}\right)$ と $\left(\dfrac{p}{q}\right)$ がともに意味をもちますが、ルジャンドルはこれらの間に認められる相互依存関係を表す等式

$$\left(\frac{p}{q}\right) = (-1)^{\frac{p-1}{2}\frac{q-1}{2}}\left(\frac{q}{p}\right)$$

を書きました。これがルジャンドルのいう**二つの異なる奇素数間の相互法則**です。初出は1788年の論文「不定解析研究」（パリ王立科学アカデミー紀要、1785年。1788年は実際に刊行された年）ですが、その時点ではまだルジャンドル記号は導入されていませんでした。1798年の著作『数の理↗

が発見した相互法則とガウスが発見した基本定理は論理的に見ると同等ですので、ルジャンドルの影響がガウスに及ぼされているのか否かが気に掛かりますが、発見にいたるまでの数学的意図や発見された事柄に附された意味を観察すると、ルジャンドルとガウスの間には何の関係もありません。

名は体を表すと言いますが、「平方剰余相互法則」という言葉は異なる二つの実体を組み合わせて作られた造語です。実に意外なことで、気づいたときは本当に驚きました。ガウスの『アリトメチカ研究』とルジャンドルの『数の理論のエッセイ』を読んではじめて判明したのですが、これもまた古典解読の果実です。

高次冪剰余の理論

ガウスの『アリトメチカ研究』の序文を読み始めてまもなくフェルマ、オイラー、ラグランジュ、ルジャンドルという四人の数学者の名前に遭遇し、それがきっかけになってルジャンドルの著作『数の理論のエッセイ』の序文を読もうという機運が高まりました。ガウスの『アリトメチカ研究』に比べると値打ちが低いと評価されることもありますが、実際に読んでみると実に懇切な叙述が続きます。長文の緒言では、フェルマに始まりオイラー、ラグランジュと継承されていく数論史が回想されるというふうで、ガウスとは一味違うおもしろさが充満しています。

ルジャンドルのいう「相互法則」とガウスのいう「基本定理」は論理的に見ると同じことで、一方を前提とすれば、簡単な論証により他方が導かれます。これを言い換えると双方を連繋する論理の架け橋が存在するということであり、今日の数論では、その橋には「オイラーの基準」という名が付けられています。これを知っていたのはオイラーひとりではなく、ルジャンドルもガウスもみな承知していた事実です。そこで、今日の平方剰余相互法則の発見の経緯はどうかということであれば、

第一発見者はオイラー
証明を試みた一番はじめの人はルジャンドル
証明に成功した最初の人物はガウス

ということになります。これがクロネッカーの論証の結論です。

数学的自然世界にある現象が存在し、その同じひとつの実体をこちらから見れば「二つの異なる奇素数間の相互法則」に見え、あちらから見れば「平方剰余の理論における基本定理」に見えるというふうに考えると、オイラーとルジャンドルとガウスは同じものを発見したことになります。純粋に論理的な視点に立つときに目に映じる光景であり、今日の数学ではおおむねそのように諒解されているのではないかと思いますが、別の考え方もありえます。なぜなら、

この「同じ法則」を発見した三人の人物の数学的意図は異なるからです。

ルジャンドルの眼前にあったのは「素数の形状理論」という呼称が相応しい理論でした。奇素数の全体を「4で割ると1が余る素数」と「4で割ると3が余る素数」に大きく二分するとき、後者の素数についてはラグランジュが一般理論を組み立てました。前者の素数についてはラグランジュも個別に対応しただけで一般理論を作ることができませんでした。ルジャンドルがめざしたのはこの壁を乗り越えることで、「4で割ると3が余る素数」の世界と「4で割ると1が余る素数」の世界の間に架かる橋を探索して相互法則を見つけたのでした。ガウスはどうかというと、素数の形状理論とはまったく無関係に独自に「平方剰余の理論」を構築し、その理論の全体を制御する「基本定理」を発見しました。

平方剰余の理論の舞台は合同式の世界です。ガウスが真に発見したのは平方剰余の理論を包摂する広大な「冪剰余の理論」それ自身と見るほうが正確で、この新世界において平方剰余の理論は小さな一区域を占めています。平方剰余相互法則の第一補充法則という小さな真理を発見したガウスの目には、一般の高次冪剰余の理論の基本定理が見えていたということになりそうです。実際、『アリトメチカ研究』の第四章「二次合同式」を見ると、そこにはすでに四次剰余の概念が現れていて、

−1は「8で割ると1が余る素数」の四次剰余である。

という命題が語られています。

ガウスは高次冪剰余の理論の場でも基本定理の存在を予感したと見てまちがいありません。具体的に出現したのは四次剰余の理論の基本定理で、五十代になってようやく「四次剰余の理論」という表題をもつ二篇の論文を書きました。第一論文が学術誌に掲載されたのは一八二八年のことで、その三年前の一八二五年四月に第一論文の概要が公表されました。反響は確かにあり、若い日のヤコビとディリクレが即座に反応し、ガウスの二篇の論文のすべてが世に出る前に、それぞれ独自に四次剰余の理論の探究に取り掛かるというほどでした。

三次剰余の理論は四次剰余の理論よりむずかしく、論文の形で公表されるにはいたりませんでした。それでもガウスの遺稿のあちこちに思索の断片が散りばめられています。

高次冪剰余の理論についてはのちほどあらためて語りたいと思いますが、ここで強調しておきたいのは、ルジャンドルの相互法則には高次冪剰余の理論に向かう契機は見られないという一事です。素数の形状理論から切り離された「相互法則」と、冪剰余の理論から単独に取り出された「平方剰余の理論の基本定理」を比較するのであれば、この二つの命題は確かに同等ですが、この比較は無意味なのではないかと思います。背後にはそれぞれ素数の形状理論と冪剰余の理論という大海が広がっていて、この二つの異質の海がたまたま平方剰余相互法則の海辺において接触していると考えるほうが適切です。

オイラーはルジャンドルよりもガウスに近く、実質的に高次冪剰余の考察にも及んでいるほどなのですが、合同式の世界のような共通の基盤の認識にいたった様子は見られません。オイラーとガウスはこの点において明確に一線を画しています。

存在の予感を支える実在感について

今日の数論の本を参照すると必ず平方剰余相互法則に出会います。これに対し、三次剰余相互法則や四次剰余相互法則などに遭遇することはめったになく、ときたま言葉だけ目にすることがある程度にとどまります。ところが数論の古典に親しみ始めてみると、目に入る光景はまったく異なっていました。ガウスの『アリトメチカ研究』には何が書かれているのだろうと興味津津で読み始めたところ、この大きな作品の内陣は「相互法則」のひとことで尽くされているのでした。実際に読まなければ決してわからないことで、これにはまったく驚きました。

ガウスは第一章で数の合同の概念を導入し、第二章で一次合同式の解法を示しました。第三章で語られるのは冪剰余の理論の基礎で、冪剰余の冪の次数は「2」に限定されているわけではなく、一般の冪次数が登場します。これを言い換えると、まずはじめに二次の冪剰余を考察し、それからおもむろに、三次、四次、…と一般化をはかるというのではなく、そもそものはじめから「冪剰余の世界」の全容を大きく視圏におさめ、ここに平方剰余の世界があり、そこに三次剰余の世界があり、あそこに四次剰余の世界があるというふうに観察の精度を高めていくという構えになっています。世界の全体を俯瞰して、それから細部の観察に興味を寄せていくという道筋をたどるのですが、このあたりの消息はいかにも不思議です。

ガウスがたどった道筋をガウスと連れ立って歩いてみると、既述のように、一番はじめに眼前に立ち現れたのはアリトメチカの一真理、すなわち平方剰余相互法則の第一補充法則の発見という出来事でした。この発見に伴って、ガウスの目にはその背後に何かしら巨大な真理の作る山脈が見えたというのですが、不思議なのはここのところです。実際に見えたというよりも、存在を予感したというほうが正確で、単に何かがあるようだと思ったというのではなく、予感に寄せて強固な実在感を抱き、実際に長い歳月にわたって探索を続けました。このようなところに、何かしら恐るべきものの片影を感じます。

高次冪剰余相互法則を発見するためには有理整数域にとどまっているのではだめで、「虚の整数」の世界に移行する必要があります。この認識もガウスの発見で、今日の代数的整数論の端緒がここから開かれていきます。n次の冪剰余相互法則であれば1のn乗根が要請され、何らかの意味合いにおいて1のn乗根の作る「整数」の概念を確定しなければならないというのが、ガウスが自覚した基本的な認識であり、真に数学的発見の名に値します。ガウスはこれを四次剰余の理論の場合に遂行し、四次の冪剰余相互法則を本当に発見しました。二つの補充法則も伴っています。ここにいたるまでの思索の全体を報告したのが、「四次剰余の理論」という表題をもつ二篇の論文です。

ガウスの探索は優に三十年を越える歳月にわたって継続しました。頼みの綱は存在するにちがいないという確信のみですし、どうしてそんなことができたのでしょうか。数学という学問に不思議さを感じざるをえないのはこのようなことがあるからですが、ガウス自身の書いたものを読まなければわからないことでもあり、それがまた不思議です。ガウスの数論はガウスの歩みに沿って歩めば実によくわかりますし、その場合の「わかる」ということの実体はガウスに寄せる共鳴もしくは共感ということであろうと思います。

論理的に組み立て直して見通しをよくしようとすると、それはそれでさらさらとよくわかりますが、この場合の「わかる」というのは論理の連鎖をまちがわずに追うことができたということです。足どりは軽やかに進むにもかかわらず、「わかった」という感動が伴わないのはなぜかというと、何ものにも共鳴するということがないために心が動かないからです。それなら「わかる」という現象は孤立して起るのではないということになりそうです。

二次形式の変形とは

何かある大きなものの断片が目に留まることはありえても、小さな断片をたくさん集めて大きなものを組み立てることは、一見するとできそうに見えても実際には不可能です。平方剰余相互法則が見つかっても、それなら三次や四次の相互法則も見つかるのではないかと想像するのは、いかにもありそうでいて現実にはありえません。ガウスは平方剰余相互法則を発見して証明にも成功した後に、三次と四次の相互法則を追い求め、ようやく四次剰余相互法則の発見にたどりつきました。このような探索が可能だったのは当初から高次冪剰余相互法則の存在を確信していたからで、その確信が揺らぐことがなかったからこそ、いつまでも探し続けることができたのでした。このような消息を顧みると、数学という学問の本質にこの手でじかに触れているような感触があります。

『アリトメチカ研究』にもどると、第四章「二次合同式」では平方剰余相互法則が非常に複雑な数学的帰納法の手順を尽くして証明されました。数学的帰納法よる証明というのは「正しいことがわかる」というだけで、いわば「なしくずし的に証明する」のですが、これだけでは平方剰余相互法則を支える根本原理のようなものはわかりません。この点はガウスも先刻承知で、第五章「二次形式と二次不定方程式」では「二次形式の種の理論」に基づく証明が遂行されています。この章は実に長大で、ここだけで『アリトメチカ研究』の大半を占めるほどです。ごく初歩的な話から説き起されて悠然と書き進められていって、おもしろい話が打ち続くとはいうものの、はたしてどこに連れて行かれることになるのか判然としない状況がえんえんと続きます。

同一の判別式をもつ二次形式の全体が類別され、類が目《もく》に分けられ、目が種に分けられていき、長い道をたどった末に種を対象にしてひとつの定理に到達します。するとその定理から平方剰余相互法則がさらさらと導かれ、ここにいたって突然、霧が晴れて明るい世界に出たような感慨に襲われます。

ガウスの二次形式論のうわさは非常に多く、『アリトメチカ研究』を読む前からさまざまに見聞していました。それでもガウスの意図が平方剰余相互法則の証明にあるとは『アリトメチカ研究』を読むまでは知る由もありませんでした。原典を読まなければ決してわからないけれども、原典を読めばなんでもないことのようにすらすらとわかるということは本当にあり、ここでもまた原典味読の醍醐味を感じました。

平方剰余相互法則を離れて二次形式論ということであれば、ガウスの前にラグランジュがいて、二次形式の変形ということを論じています。二次形式の変形ならガウスもやっていることですから、ラグランジュからガウスへと続く道が存在するかのような印象があり、このあたりに迷いの発生する余地があります。ラグランジュはたしかに二次形式の変形を論じましたが、そのねらいは二次の不定方程式を解くことで、平方剰余相互法則とは関係がありません。二次形式の変形を工夫したところはラグランジュとガウスは共通していますし、ガウスもラグランジュを見て何かしら影響を受けたということはありうると思いますが、なぜ変形するのかという根本に立ち返ると両者は無関係です。

ラグランジュが一般の二次不定方程式の解法をめざしたこと、そのために二次形式の変形を試みたことはラグランジュの論文を読んで知りました。それまではわからなかったことで、数学はやはり「一番はじめの人」の声に直接耳を傾けないと真相はつかめません。

円周等分方程式論が数論でありうるのはなぜか

ラグランジュはオイラーの数学思想を忠実に継承しようとした人で、継承の仕方に創意があり、オイラーが示した萌芽を育てて大きな理論をいくつも作りました。数論に一例を求めると、ペルの方程式の解法を最初にめざしたのはオイラーで、ラグランジュはこれを継承して一般の二次不定方程式の解法を展望するところまで歩を進めました。そのようにオイラーが指し示した場所から出発して大きく歩を進めていくところに、ラグランジュに特有の創意が感じられます。ディオファントスの古い書物に触発されて数々の命題を作り出したフェルマにも創意があり、そのフェルマの言葉に証明を与えようとしたオイラーにも創意があります。どこかしらフェルマ、オイラー、ラグランジュという人たちと無縁の場所に数学という学問が浮遊しているのではなく、人から人へと数学のバトンが手渡されていく中で、そのたびに新たな数学が創造されていく様子がありありとわかりますが、これも原典味読の効果です。

『アリトメチカ研究』に話をもどすと、第六章の章題は「これまでの研究のさまざまな応用」というもので、短い章ではありますが、おもしろい話題がいくつも集められています。

第七章の章題は「円の分割を定める方程式」で、「円の分割」というのは「円周の等分」のことですから、円周等分方程式というと正確な感じが出てきます（ｃｏｌｕｍｎ２参照）。これを縮めて円分方程式と呼ぶ流儀もときおり見かけます。では、このような代数方程式が数論の書物に登場するのはなぜなのでしょうか。

ガウスの《数学日記》の第一項目は正十七角形の幾何学的作図の可能性、すなわち定規とコンパスのみを用いて作図可能であることを報告する名高い記事ですが、これを言い換えると、$n=17$の場合の円周等分方程式の根は平方根のみを用いて表示することができるということにほかなりません。ガウスの発見は正多角形に限定されているわけではなく、一般にnは奇素数として、幾何学的n等分が可能であるための条件はnがフェルマ素数であることという事実をガウスは突きとめました。他方、正多角形の作図問題そのものは古代ギリシアの時代にすでに現れていました。ユークリッドの『原論』に書かれているのは正三角形と正五角形の作図の仕方のみで、辺の個数がそれよりも多い場合については記述がありませんから、ガウスの発見は古代ギリシア以来の大発見ということになります。しかもガウスはこの幾何学の問題を代数方程式の解法に帰着させることによって解決したのですから、デカルトの思想の反映をも、そこに読み取れるように思います。

このようなわけで円周等分方程式の解法を考えることは代数方程式論の問題であるのと同時に幾何学の作図問題でもあります。ここにおいて不思議なのはガウスがそれを「アリトメチカ（数の理論）」という書名をもつ書物に収録した理由です。だれしもが抱くにちがいない素朴な疑問であり、ガウス本人も気に掛かっていたようで、諸言を見ると弁明めいたことが書かれています。第七章で取り扱われる円の分割の理論は正多角形の作図問題と言い換えても同じこと

●column2● 円周等分方程式

円周等分方程式というのは、

$$\frac{z^n-1}{z-1}=z^{n-1}+z^{n-2}+\cdots+1=0$$

という形の$n-1$次の代数方程式のことです。複素変数zの指数関数$\varphi(z)=e^z$の値$\alpha=e^{\frac{2\pi i}{n}}$はこの方程式の根のひとつであり、$\alpha$の$n-1$個の冪

$$\alpha, \alpha^2, \alpha^3, \cdots, \alpha^{n-1}$$

を作ると、根のすべてが得られます。

これらの根を複素平面上に配置すると、単位円の周上に等間隔に並びます。これが「円周等分方程式」という呼称の由来です。$z=1$から出発して、これらの根を順次線分で結んでいくと、正n角形が描かれます。したがって、円周の等分と正多角形の作図は同一の事象であることになります。

になりますが、「それ自身はアリトメチカ（数の理論）には所属しない」とガウスは明記しました。「一番はじめの人」の書きものを読む者の心を深くゆさぶるのはこのようなひとことです。

それ自身はアリトメチカではないとガウスははっきりと宣言し、「しかし、それにもかかわらず」と言葉を続け、「その諸原理はひとえに高等的アリトメチカから取り出さなければならないのである」と言い添えるのです。しかもなお、「このような状勢は幾何学者諸氏にとっては意表をつく出来事であろうと思われる」などと読者の心情を付度するかのようなひとことさえ書き添えるのですから、とうてい理解されまいとガウス自身も案じていたのでしょう。

円の分割の理論がなぜ数論でありうるのか、円の分割の理論に数論の真理が潜んでいるという事実はガウスにとっても大発見でした。実際にそこから数論の真理が取り出される様子を見てもらうまでは、緒言の段階でどれほど言葉を尽くしても読者の耳には届きません。それでも諸言で特に言葉をあらためてわざわざ弁明しているところに、かえってガウス自身の感情の高ぶりが伝わってくるような思いがします。

円の分割の理論がどうして数論でありうるのかというと、そこから平方剰余相互法則の証明を取り出すことができるからです。円周等分方程式を素材にして「ガウスの和」というものを作り、その値を決定することができれば、そこから即座に平方剰余相互法則の証明が導かれるというのがガウスの発見ですが、『アリトメチカ研究』の段階で達成されたのはガウスの和の絶対値が求められたところまでにとどまり、符号の決定にはいたりませんでした。この意味において『アリトメチカ研究』は未完成です。この事実を知ったときは心から驚嘆するとともに感動もまた新たでした。岡潔先生の論文集もそうだったように、偉大な作品はつねに未完成で、継承者の登場を待ち続けています。

テキストの入手をめぐって

ガウスの『アリトメチカ研究』は必読書の筆頭で、この本を読まなければ数学はついにわからないだろうというほどの覚悟を固めていたのですが、ラテン語で書かれていますのでいきなり読みにかかるというわけにはいきませんでした。ラテン語を勉強して、それからガウスを読むという手順を踏むのも迂遠ですし、ともかく英訳書を入手して読み始め、ラテン語については文法書と羅和辞典を手もとに置いて勉強するという構えになりました。

数論の方面ではもうひとつ、ルジャンドルの著作『数の理論のエッセイ』も気に掛かりました。この本はどうしても読まなければならないというほどの思い詰めた心情にはいたらなかったとはいうものの、高木貞治先生の『近世数学史談』を読んで書名を知り、平方剰余相互法則に対するルジャンドルの証明をガウスが批判したということはかねがね承知していましたので、具体的な消息を知りたいと思いました。

『数の理論のエッセイ』というのは初版と第二版の書名で、第三版になると「エッセイ」の一語が削除されて単に『数の理論』となりました。初版と第二版はだいぶ様子が異なるような印象がありましたので、すべての版を揃えたいと思ったのですが、初版はなかなか見つかりませんでした。国内には初版をもっている図書館はないと思います。第二版は所蔵している大学図書館が見つかりました。刊行された当時の実物があったので驚きもひとしおでしたが、第二版には刊行後二度にわたって「補記」が出ています。「補記」という名の著作ですが、この二つの補記は見あたりませんでした。第三版は購入することができましたので、まずはじめにこの版を読みました。

ガウスの『アリトメチカ研究』はガウス全集の第一巻に収録されています。初版の実物も見たいと思い、探索したところ、金沢工業大学の附属図書館（ライブラリーセンターと呼ばれています）に「工学の曙文庫」という特殊な文庫があり、西欧近代科学の古典的作品の著作が集められていて、そこにあることがわかりました。マイクロフィルムの作成を依頼してコピーを入手したのですが、相当の費用がかかりました。

「工学の曙文庫」にはオイラーの『無限解析序説』（全二巻）の第一巻もあり、実にすばらしい文庫ですが、実際に利用しようとすると所定の手続きを踏まなければなりませんのでなかなかむずかしいことがあります。それでもオイラーの『無限解析序説』の翻訳書を出すことになったとき、依頼してマイクロフィルムを入手することができました。

こんなふうで文献の入手にはいろいろな困難が伴いましたが、近年、インターネットのおかげでこの状況は大幅に改善され、ガウスの『アリトメチカ研究』もオイラーの『無限解析序説』もルジャンドルの『数の理論のエッセイ』の各版もみな閲覧可能になりました。アーベルの「楕円関数研究」は『クレルレの数学誌』に掲載されたのですが、『クレルレの数学誌』の全巻が閲覧可能なウェブサイトもあります。あらゆる古文献を自由に利用できる夢のような時代になりました。

『アリトメチカ研究』の諸言より

ガウスの『アリトメチカ研究』の原書のテキストは、ガウス全集の第一巻を参照して見ることができました。英訳書は市販されていますので購入可能。ドイツ語訳とフランス語訳については、丹念に探索を重ねているうちにやはり市販されていることがわかりました。そこで、ひとまず英訳書を読むことにして、ドイツ語訳とフランス語訳は適宜参照するという構えになりました。ラテン語の勉強にも熱心に取り組み始めましたので、なるべく早くラテン語の原書が読めるようになりたいと願ったものでした。

まずはじめに英訳書の諸言を読んだのですが、これが実におもしろく、それまでに読んだどの本にも書かれていないことばかりが記されていて、まるでガウスの肉声がそのまま聞こえてくるような思いがしました。このような感慨は岡先生の論文集を読んだときと同じで、数学を創造した一番はじめの人の作品にはその人でなければ書けないこと、言えないことが充満しています。後年のことになりますが、フェルマ、オイラー、ラグランジュ、アーベル、ヤコビ、ディリクレ、クンマー、クロネッカー、ヴァイエルシュトラス、リーマン、ヒルベルト等々、みんなそうでした。古典読解の喜びと楽しみはこのようなところにあります。

『アリトメチカ研究』の諸言には、「あるすばらしいアリトメチカの真理」の発見を告げる言葉や、円周等分方程式論が数論でありうることの弁明など、強く心を惹かれる言葉が敷き詰められています。それらを紹介する前に目次を概観すると、庇護者のブラウンシュヴァイク公フェルディナントに寄せる献詞と諸言に続いて、次のような七個の章で編成されています。

第一章　数の合同に関する一般的な事柄
第二章　一次合同式
第三章　冪剰余
第四章　二次合同式
第五章　二次形式と二次不定方程式
第六章　これまでの研究のさまざまな応用
第七章　円の分割を定める方程式

諸言の書き出しの一文を見ると、この書物で取り扱われる数学の領域が語られています。その領域では「無理数はつねに排除され、分数もまた一般に除外されている」というのですから、研究対象はもっぱら整数で、ときおり分数が顔を出すこともあるという感じでしょうか。ガウスはこの領域をアリトメチカと呼び、書名に採用しています。この言葉は「数の理論」というほどの意味をもち、古代のギリシア以来の伝統を担っています。古代ギリシアの数学で「数」といえば自然数のことですが、ガウスは「負の自然数」も数の仲間に数えていたと思います。

続く一文ではディオファントス解析が語られます。ディオファントス解析とは何かというと、「不定問題を満たす無限に多くの解の中から、整数解、あるいは少なくとも有理数解を選び出す方法を教える学問」とのこと。ディオファントス解析は不定解析と同じで、不定問題といえば不定方程式の解を求める問題のことです。解として関心が寄せられているのは主として整数で、ときおり有理数のこともあります。また、たいていの場合は正の解であることを、ガウスは忘れずに書き添えています。

ディオファントス解析もしくは不定解析は、オイラーとラグランジュがフェルマの泉を継承して造型したアリトメチカ（数の理論）です。

初等的アリトメチカと高等的アリトメチカ

数の理論の書物の諸言を書き始めようとして、ガウスはまず不定解析を語りました。これはこの時期の数論の趨勢を観察する言葉です。もう少し具体的に言うと、『アリトメチカ研究』の三年前に刊行されたルジャンドルの著作『数の理論のエッセイ』が念頭にあったのではないかと思います。実際、ルジャンドルの著作の初版の序文を見ると、「数の理論というのは不定解析のことである」という主旨の言葉が目に留まります。ガウスはこのような見方を拒絶したかったのでしょう。

この重要な論点については後に詳しく検討するとして、『アリトメチカ研究』の諸言の続きを見ると、ガウスは「不定解析は数学における上記の特定の領域そのものというわけではない」と指摘し、「むしろその非常に特殊な一部分である」ときっぱりと言い切りました。「上記の特定の領域」というのはアリトメチカ、すなわち数論のことで、数論の世界の全体の中では不定解析は特殊な一部分にすぎないというのですから、ガウスの目には不定解析以外の数の理論が映じていたのでしょう。

ガウスはここで代数学に言及します。代数学というのは「方程式の還元を行なってこれを解く技術」というのがガウスの認識で、その代数学が全解析学に対するのとほとんど同様の振舞いを、不定解析は数論に対して示すというのです。これだけではよくわかりませんが、解析学というのは何かというと、「およそ量の一般的性質をめぐって企図しうる限りのあらゆる研究」とのこと。印象はいくぶん茫漠としているものの、ともあれ量の研究が解析学で、解析学の対象となる量の範疇に課されている制限は何もありません。これに対し、アリトメチカの固有の対象は整数と、整数を通じて定められる分数です。そのアリトメチカの世界において、不定解析は、解析学全体における代数学と同じように振る舞うというのがガウスの所見です。

ガウスのいう数論の実体はまだ明らかになっていないのですが、どこかに実在する玲瓏たるガウスの数論の世界では、不定解析は少なくとも主役ではないような印象があります。

ガウスの省察はアリトメチカという言葉そのものにも及びます。普通、アリトメチカというと、数の理論というよりも、記数法と計算の技術のことを意味しているとガウスは指摘しました。記数法というのは数を十進法のような適当な表記法で書き表すことで、計算の技術というのは「アリトメチカに関連するさまざまな演算を遂行すること」というのです。これは自然数や分数の足し算、引き算、掛け算、割り算などのことを指しているのであろうと思います。今日でも英語でアリスメチック（arithmetic）といえば小学校で教えられる「算数」のことで、数の理論というわけではありません。対数の計算も計算の技術のひとつで、これもアリトメチカの名のもとに教えられていたようで、対数の計算技術は数の理論とは何も関係がありません。演算の中にはあらゆる量に対して開かれているものもあり、そのような演算は整数に固有というわけではありません。

そこでガウスはアリトメチカを初等的アリトメチカと高等的アリトメチカの二種類に区分けして、上記のような通常のアリトメチカのことは初等的と呼ぶことにしようという提案を持ち出しました。ガウスが『アリトメチカ研究』において繰り広げようとするアリトメチカは「整数に固有の諸性質に関する一般的研究」で、これは高等的アリトメチカです。これで『アリトメチカ研究』という書名の意味合いの一端が明らかになりました。

古代ギリシアの数論と西欧近代の数論

高等的アリトメチカの淵源は何かという論点に触れて、ガウスはユークリッドの『原論』の第七巻以下を挙げました。『原論』は全十三巻で編成されていて、今日のいわゆる初等幾何学が大半を占めていますが、第七巻から第九巻までの三巻のテーマはアリトメチカです。概観すると、素数に関する諸理論と特殊な個性を備えた自然数の探究という二つのテーマに大きく区分けされます。前者の事例としては「素数は無限に存在する」という命題があり、後者の事例としては完全数に寄せる関心が目立ちます。ユークリッドは「遠い時代の人びとに通例の高貴な美しさと厳密さをもって語り伝えている」というのが、『原論』に対するガウスの所見です。ガウスのいう高等的アリトメチカに属するのはまちがいなく、だからこそガウスは真っ先に言及したのですが、それでもなおそれらはこの学問、すなわち高等的アリトメチカの「初歩的段階に限定されている」とガウスは言い添えました。

素数も完全数も不定解析とは関係がないところに留意したいところです。

ユークリッドに続いて、ガウスはディオファントスの著作を挙げました。ディオファントスは紀元三世紀の人と伝えられるギリシア人で、『アリトメチカ』という書物の著者として知られています。内容は不定解析と見るのが今日の通説です。ガウスもそのように見ていたようで、このディオファントスの著作は「不定解析に一筋に捧げられている」と指摘しています。ディオファントスに対しては相応の敬意も払っていて、その著作には多くの研究テーマが含まれていることに加えて、それらの難解なことといい、技巧が繊細なことといい、著者の生来の才能と明敏な知性に対して尊敬の気持ちが呼び起されるというのです。ディオファントスが自在に使用することのできた補助手段はごくわずかであったことも思い合わされて、敬意はますます高まるばかりというのです。ただし、それなら手放しでほめるばかりかというと、そうでもありません。

ガウスの見るところ、ディオファントスが不定問題を解く際に深い原理が要請されるわけではなく、「ある種の器用さと巧妙な取り扱い」であり、しかもそれらはあまりにも特殊すぎて、よりいっそう高いレベルの一般性を備えた果実へと通じる道筋を案内してくれるわけでもありません。新しい発見で高等的アリトメチカの中味が豊穣になったということもないというのですから、高等的ではあってもレベルは低く、ガウスはそこに数学史的な意味合いしか認めていない模様です。実際、特色のあるさまざまな技巧は現れていますし、代数学の最初の痕跡もまた確かに認められますが、それ以上のことはありません。

これに対し、フェルマ、オイラー、ラグランジュ、ルジャンドルのような人びとが開拓した数論ははるかにレベルが高く、これらの少数の人びとのおかげで、高等的アリトメチカには「計り知れないほどに豊潤な財宝が満ちあふれている」ことが明らかになったというのが、ガウスの所見です。端緒は古代ギリシアですでに開かれていたとはいえ、それはあくまでもきっかけにすぎないとガウスは言いたそうです。出自はともあれ、西欧近代の数論の優位性を感じていたのでしょう。

歴史的な観点から見ると、フェルマからルジャンドルにいたる四人の手で作られたガウス以前の数論の姿形はどのようなものだったのかということに心を惹かれます。ガウスはこれを語ろうとはせず、代わりに二つの文献を挙げました。ひとつは、オイラーの著作『代数学への完璧な入門』（一七七〇年）のフランス語訳（一七七四年）のために書かれたラグランジュの「附記」、もうひとつはルジャンドルの著作『数の理論のエッセイ』の序文です。これらについては章をあらためて詳述したいと思います（第三章参照）。

第二章

アーベルの代数方程式論と楕円関数論

- 楕円関数論の泉のひとつはファニャノによるレムニスケート曲線の等分理論。もうひとつの泉はオイラーによる変数分離型微分方程式の代数的積分の探索である。
- 代数的可解性を左右する根本的な要因は何か。ガウスは「諸根の相互関係」と応じた。アーベルはこれを踏襲し、巡回方程式とアーベル方程式の概念を取り出した。
- アーベルは代数的可解方程式の根の表示式を決定するというアイデアに依拠して、一般代数方程式の代数的可解性を否定する「不可能の証明」に成功した。

ガウスの『アリトメチカ研究』とアーベルの「楕円関数研究」

ガウスの著作『アリトメチカ研究』とアーベルの論文「楕円関数研究」はそれぞれ数論と楕円関数論の鍵となる作品ですが、岡潔先生の多変数関数論とヒルベルトの第十二問題が具体的な契機になって古典研究を志したのですから、第一着手がガウスとアーベルになるのは当然の成り行きでした。アーベルの「楕円関数研究」のことは高木貞治先生の『近世数学史談』でも詳しく紹介されています。『近世数学史談』は全部で二十三個の章で構成されていて、第十五章から第十八章まで、すなわち「第十五章　パリからベルリンへ」、「第十六章　天才の失敗と成功」、「第十七章　ベルリン留学生」、「第十八章　パリ便り」の四つの章の主役はアーベルです。次の「第十九章　アーベル対ヤコビ」でもアーベルが語られていますし、「第二十章　初発の楕円函数論」はアーベルの「楕円関数研究」そのものの紹介にあてられています。こうしてみると二十三個の章のうち六個の章にアーベルが登場するのですから、アーベルに共感し、共鳴する高木先生の心情もまた思い半ばにすぎるものがあります。

ガウスのことはどうかというと、『近世数学史談』の第一章から第九章にいたる九個の章が

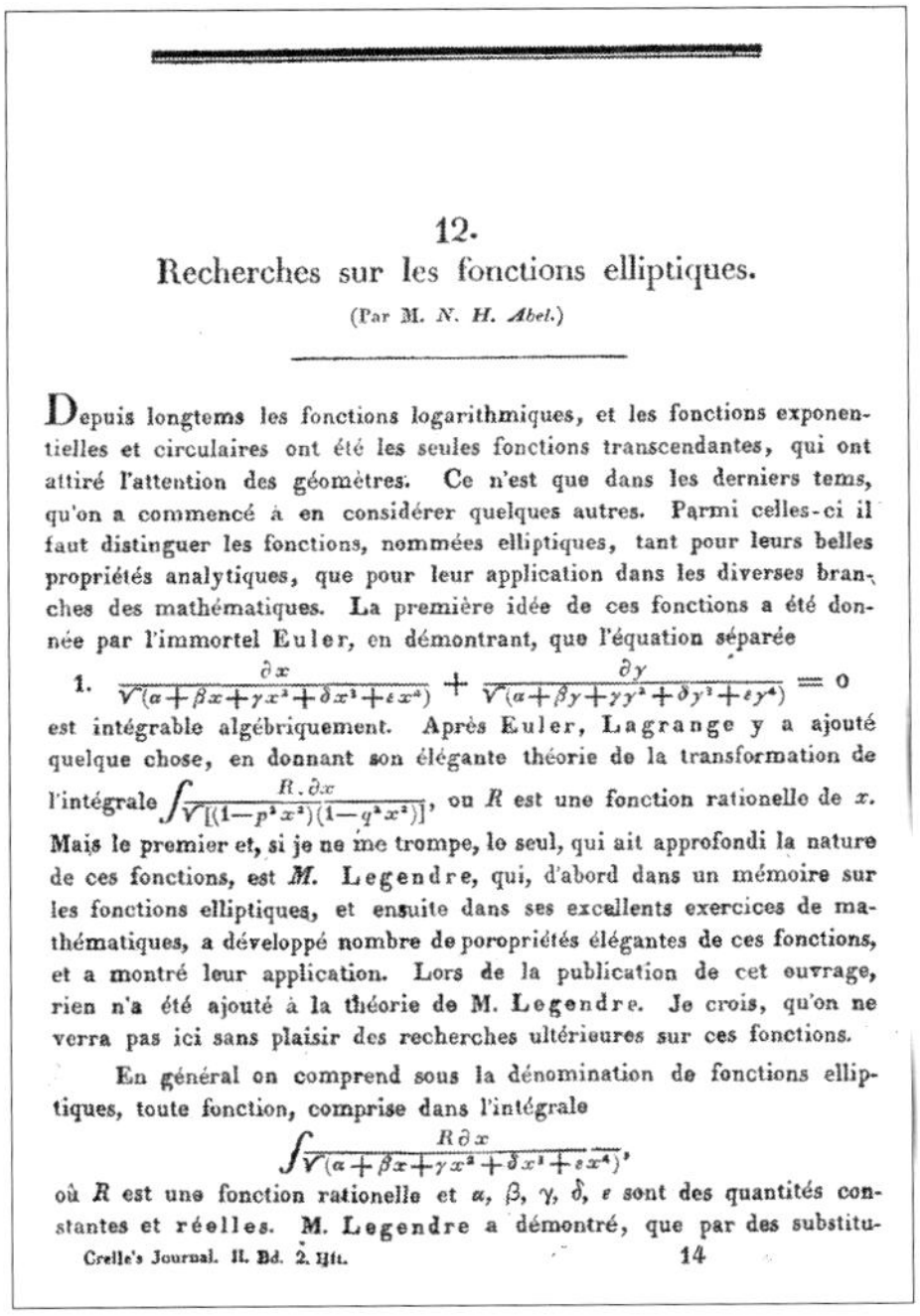

12.

Recherches sur les fonctions elliptiques.

(Par M. *N. H. Abel.*)

Depuis longtems les fonctions logarithmiques, et les fonctions exponentielles et circulaires ont été les seules fonctions transcendantes, qui ont attiré l'attention des géomètres. Ce n'est que dans les derniers tems, qu'on a commencé à en considérer quelques autres. Parmi celles-ci il faut distinguer les fonctions, nommées elliptiques, tant pour leurs belles propriétés analytiques, que pour leur application dans les diverses branches des mathématiques. La première idée de ces fonctions a été donnée par l'immortel Euler, en démontrant, que l'équation séparée

1. $$\frac{\partial x}{\sqrt{(\alpha+\beta x+\gamma x^2+\delta x^3+\varepsilon x^4)}}+\frac{\partial y}{\sqrt{(\alpha+\beta y+\gamma y^2+\delta y^3+\varepsilon y^4)}}=0$$

est intégrable algébriquement. Après Euler, Lagrange y a ajouté quelque chose, en donnant son élégante théorie de la transformation de l'intégrale $\int\frac{R.\partial x}{\sqrt{[(1-p^2x^2)(1-q^2x^2)]}}$, ou R est une fonction rationelle de x. Mais le premier et, si je ne me trompe, le seul, qui ait approfondi la nature de ces fonctions, est *M.* Legendre, qui, d'abord dans un mémoire sur les fonctions elliptiques, et ensuite dans ses excellents exercices de mathématiques, a développé nombre de poropriétés élégantes de ces fonctions, et a montré leur application. Lors de la publication de cet ouvrage, rien n'a été ajouté à la théorie de M. Legendre. Je crois, qu'on ne verra pas ici sans plaisir des recherches ultérieures sur ces fonctions.

En général on comprend sous la dénomination de fonctions elliptiques, toute fonction, comprise dans l'intégrale

$$\int\frac{R\,\partial x}{\sqrt{(\alpha+\beta x+\gamma x^2+\delta x^3+\varepsilon x^4)}},$$

où R est une fonction rationelle et α, β, γ, δ, ε sont des quantités constantes et réelles. M. Legendre a démontré, que par des substitu-

Crelle's Journal. II. Bd. 2. Hft. 14

アーベルの論文「楕円関数研究」の第 1 頁.『クレルレの数学誌』, 第 2 巻, 1827年, 101頁.

割り当てられています。ガウスとアーベルを合わせると、二十三個の章のうち、実に十五個になります。高木先生は近代数学史のはじまりをはっきりとガウスとアーベルに見ています。説得力があり、大いに影響を受けたものでした。

『近世数学史談』の第二十章「初発の楕円函数論」は、

> アーベルの論文を読むものは先ずその平明《へいめい》暢達《ちょうたつ》で、少しも巧を求めずして自然に妙な

るを愛するであろう。恰も彼の書簡の天真流露、親しむべきと一般である。(ルビは引用者)

と書き始められています。実際に読んでみると高木先生の言葉のとおりですし、平明な記述がさらさらと進んでいくのですが、平易かというとそうでもなく、読み進むにつれて印象が希薄になり、ふと気が付くとわからなくなっています。アーベルの書き方に問題があるのではなく、アーベルの論文の前史というか、歴史に起因してあれこれの困難が発生しています。はじめからそんなふうに思ったわけではなく、わからなくなる原因を考えているうちに次第に歴史ということを考えるようになりました。

アーベルを読むということはそれ自体がすでに歴史の流れに棹をさすことであり、アーベル以前に理解が行き届かなければアーベルはわかりません。歴史を理解する鍵もまた歴史にあるということかもしれません。

代数関数と超越関数

アーベルの「楕円関数研究」は楕円関数論の歴史的回想から説き起こされています。次に引くのは書き出しの言葉です。

長い間、幾何学者たちの注意をひいた超越関数は、対数関数、指数関数、それに円関数のみであった。そのほかの二、三の超越関数の考察が始まったのはごく最近のことにすぎない。それらの超越関数の間で、もろもろの美しい解析的性質のために、また数学のさまざまな分野における応用のために、楕円関数と名づけられる関数を区別しなければならない。

特に留意するべきことがあるようには見えず、さり気なく読みすごしてしまいそうなところです。それでも言葉のひとつひとつを見ていくと全体にどことなく謎めいた印象があります。それに、なんといっても「楕円関数と名づけられる関数」が今しも語られていこうとする一番はじめの場面ですから、ことのほか注目に値します。

まず超越関数とは何かというと「代数関数以外の関数」、すなわち「代数的ではない関数」のことで、数学に関数の概念を導入したのはオイラーで、関数を代数関数と超越関数に二分したのもまたオイラーでした。それなら関数概念が導入されたのはなぜかというと曲線を理解するためで、曲線の「解析的源泉」を求めようとしたところにこの概念の真意がありました。代数関数は代数曲線の、超越関数は超越曲線の、それぞれ解析的源泉です。

このあたりは微積分の形成史の回想です。関数でも曲線でも「超越的なるもの」というのは「代数的ではないもの」の総称ですから、あまり積極的な概念規定ではありません。

微積分の形成史については後にデカルトをはじめとしてライプニッツ、ベルヌーイ兄弟、それにオイラーを取り上げる際にあらためて語りたいと思います。ここではオイラー以前に「曲線の理論」が存在したこと、オイラーはその「曲線の理論」の中から関数の概念を取り出したことに留意しておきたいと思います。曲線の理論のはじまりはデカルトの『幾何学』です。デカルトは古代ギリシアの数学における幾何の作図問題を見て、「こうすれば簡単に解ける」という新しい方法を提示しました。それは代数学の力を借りる方法で、作図問題を代数方程式の解法に帰着させるところに鍵がひそんでいます。デカルトに先立って、十六世紀の半ばにイタリアの代数学が大きく進展し、三次と四次の代数方程式が（代数的に）解けるようになっていたことも、デカルトの着想を支えた事実として忘れられません。

デカルトは学問の明晰判明な基礎を探索したことで知られています。デカルトにとって幾何学の明晰判明な基礎とは代数学のことで、このアイデアは曲線の理論でも生きています。デカルトは「幾何学において受け入れられる曲線とは何か」とみずからに問うて、ある種の曲線の作る範疇を指定してこの問いに答えました。それが代数曲線です。デカルト自身は特別の名前をつけることはせず、のちにライプニッツがそのように命名しました。超越曲線という呼称もライプニッツに由来します。デカルトは思索を重ねた末に超越曲線を除外しましたが、ライプニッツにはライプニッツに固有の理由があって、代数的ではない曲線も考察することになりました。

このような歴史を背景にしてようやく、アーベルのいう「超越関数」の一語の意味が明らかになります。アーベルは対数関数、指数関数、それに円関数という三種類の超越関数を挙げました。一般に代数関数の積分を作るとおびただしい種類の超越関数が現れることは、微積分の黎明期においてライプニッツもすでに知っていました。指数関数は対数積分の逆関数、三角関数のひとつである正弦関数は円積分の逆関数として認識されます。対数積分も円積分も代数関数の積分、すなわちアーベル積分のごく簡単な事例であり、それら自身もまた超越関数です。これらの超越関数の仲間になおもうひとつの超越関数を加えようというところに、今しも楕円関数研究に向おうとするアーベルの数学的意図がありました。

円関数と指数関数

一般に曲線の弧長を計算するという理論が確立されなければ、円積分のような表示は考えられません。その理論というのはライプニッツとベルヌーイ兄弟の手で構築された積分の理論を指しています。対数そのものは積分の理論とは無関係に発見されましたが、「曲線で囲まれる領域の面積」を求めようとする計算法の探究と融合して、「双曲線の面積」として諒解されるようになりました。

ライプニッツ、ベルヌーイ兄弟、それにオイラーのような微積分の創始者たちの眼前にあったのは双曲線や円という曲線であり、それらに由来する領域の面積や弧長を積分の理論により表示しようとする試みを通じて、対数積分や円積分が出現しました。対数積分の逆関数は指数関数、円積分の逆関数は正弦関数で、円積分そのものは逆正弦関数です。正弦関数が認識されれば、余弦関数や正接関数など、正弦関数の仲間である一系の関数が次々と集まってきます。逆余弦関数や逆正接関数なども仲間に加え、それらを総称してアーベルは「円関数」と呼んだのであろうと思います。

円積分もその逆関数である正弦関数も超越関数です。微積分が作られたり関数概念が提案されたりする前からすでに三角法はありましたが、三角関数が関数になったのは関数概念が導入されてからのことで、このあたりの消息は対数関数の場合とよく似ています。

オイラーが現れてはじめて対数は対数関数になり、正弦は正弦関数になりました。その際にオイラーが着目したのは「簡単な形の関数の積分はごくあたりまえに超越関数になる」という事実でした。この場合、「簡単な形の関数」というのは何かというと、対数積分や円積分の場合に見られるようなごく単純な有理関数や代数関数を指しています。ライプニッツとベルヌーイ兄弟の手で微積分の理論ができたことを受けて、有理関数の積分を作ると対数関数に遭遇し、代数関数の積分を作るとたちまち逆三角関数に出会い、さてその次に正体のよくわからない超越関数が大量に出現します。オイラーが直面したのはこのような状況でした。

今日の数学の語法では代数関数の積分はアーベル積分という名で呼ばれています。では、そもそも代数関数という特殊な関数に着目して、しかもその積分を考えるのはなぜなのでしょうか。今日の目にはいかにも不思議に映じますが、代数関数に限定することについてはデカルトの思想が感知されるように思います（第五章参照）。それなら積分を考えるのはなぜかという

●column3●円積分の加法定理

円関数というと、$\sin x$ や $\cos x, \tan x$ などの三角関数が即座に念頭に浮かびます。対数関数を有理関数 $\dfrac{1}{x}$ の積分として理解するという視点（column4 参照）を採用すると、ごく簡単な形の代数関数 $\dfrac{1}{\sqrt{1-x^2}}$ の積分

$$y=\int_0^x \frac{dx}{\sqrt{1-x^2}}$$

を考えるという着想におのずと誘われます。この積分には円積分という呼称がよく似合います。単位円の中心角 y の円弧の長さを表していて、その逆関数は正弦関数 $x=\sin y$ にほかなりません。対数積分に対して加法定理が成立したように、円積分に対しても加法定理が成立します。実際、三つの円積分

$$\alpha=\int_0^x \frac{dx}{\sqrt{1-x^2}}, \qquad \beta=\int_0^y \frac{dy}{\sqrt{1-y^2}}, \qquad \gamma=\int_0^z \frac{dz}{\sqrt{1-z^2}}$$

を考えるとき、三つの変数 x, y, z がある一定の代数的関係で結ばれているとき、等式

$$\alpha+\beta=\gamma$$

が成立するというのが加法定理の中味です。その代数的関係はどうしたら見出だせるかというと、

$$x=\sin\alpha, \qquad y=\sin\beta, \qquad z=\sin\gamma$$

ですから、周知の三角関数の加法定理により

$$z=\sin(\alpha+\beta)=\sin\alpha\cos\beta+\cos\alpha\sin\beta=x\sqrt{1-y^2}+y\sqrt{1-x^2}$$

という関係式が得られます。

と、弧長や面積の計算にあたって逆接線法という、微分計算とは逆向きの方向に進む計算法が発見されたためでした。

三角関数の加法定理といえば微積分の成立以前の三角法の時代からよく知られていました。それを積分の形のまま書き下せば、それが円積分の加法定理です（ｃｏｌｕｍｎ３参照）。アーベルの言葉にもどると、アーベルのいう円関数には円積分もまた包摂されていることに、くれぐれも注意を喚起しておきたいと思います。

超越関数の世界

積分の理論の視点から観察すると、対数関数は対数積分として目に映じ、逆正弦関数は円積分として把握されます。積分の形に表示するとき、対数関数に対しても逆正弦関数に対しても等しく加法定理の成立が認められることは注目に値します。対数積分や円積分をこえて、一般に代数関数の積分を作ると大量の超越関数が生成されます。一見してあまりにも無秩序な世界ですし、わずかに対数関数と指数関数、それに円関数に対してのみ、加法定理という名の法則が認められるにすぎません。そこでアーベルは、「長い間、幾何学者たちの注意をひいた超越関数は、対数関数、指数関数、それに円関数のみであった」と明言したのでした。

アーベルはさらに、「そのほかの二、三の超越関数の考察が始まったのはごく最近のことにすぎない」と言葉を続け、そのうえでそれらの超越関数の間で、もろもろの美しい解析的性質のために、また数学のさまざまな分野における応用のために、楕円関数と名づけられる関数を区別しなければならない。

と言い添えました。「楕円関数」の一語がこうして登場しました。アーベルのいう楕円関数というのは今日の語法でいう楕円関数ではなく、楕円積分そのものを指していることは注意を要します。超越関数への着目ということが、そもそも代数関数の積分に端を発していることにも留意したいところです。

楕円積分を第一種、第二種、第三種と三種類に区分けしたのはルジャンドルで、当初は楕円積分のことを「楕円的超越物」と呼んでいました。あるとき「楕円関数」という呼称を提案したところ、ヤコビは同意しませんでした。第一種楕円積分の逆関数こそ、その名に相応しいというのがヤコビの考えで、実際に『楕円関数論の新しい基礎』（一八二九年）という著作において逆関数に対して「楕円関数」という呼称を採用しています。第一種楕円積分の逆関数に着目したのはアーベルがはじめで、ヤコビもまた追随しましたが、アーベルはこの逆関数に特別の名前を与えることはせず、ときおり「第一種逆関数」と呼ぶことがあるのみでした。

楕円関数と楕円積分という呼称については、実際にはもう少し精密な言い方を工夫する必要がありますが、ここで留意しておきたいのはアーベルの論文「楕円関数研究」の題目に見られる「楕円関数」は楕円積分そのものを指しているという一事です。ついでに言い添えると、後年のリーマンの論文「アーベル関数の理論」（一八五七年）の表題に見られる「アーベル関数」というのはアーベル積分、すなわち代数関数の積分を指しています。

代数関数の積分を作るとたちまち超越関数の世界が現れて、しかもそこは暗黒の世界です。対数関数と円関数に対して成立する加法定理は、まるで真っ暗闇に射し込むかすかなあかりのようでした。

変数分離型の微分方程式と楕円関数論

オイラーは「楕円積分の加法定理」を発見した人物ですが、それに先立って対数関数と円関数の加法定理のことも知っていました。それならオイラーはそれらの加法定理に何かしら特別の意義を認めて、その一般化をめざしたのかというと、そういうわけでもありません。このあたりの消息を正確に見分けるのは実にむずかしく、込み入った思索を強いられてしまいます。

楕円積分の加法定理を発見した一番はじめの人はオイラーでまちがいないとして、そのうえでオイラー自身の心情に沿ってあらためて考え直してみると、オイラーがめざしていたのは加法定理そのものではなく、微分方程式の積分を求めることでした。「楕円関数研究」に書き留められたアーベルの言葉に立ち返ると、楕円関数というものを考えようとした一番はじめの人はオイラーであること、しかもその契機になったのはある特定の形の変数分離型微分方程式の代数的積分の探索だったことを、アーベルは簡潔に指摘しています。「楕円関数研究」をはじ

● column4 ● 対数積分の加法定理

ガウスのように、双曲線 $y = \dfrac{1}{x}$ で囲まれる領域の面積を表す積分 $y = \int_1^x \dfrac{dx}{x}$ を作ると、y は x の超越関数であり、$y = \log x$ と表記されます。$\dfrac{1}{x}$ という簡単な関数の積分が超越関数を与え、その逆関数が指数関数として認識されるという状況が、ここに現れています。この積分には対数積分という呼称がよく似合いますが、一般に対数関数と呼ばれています。

対数関数 $y = \log x$ については、その性質は等式

$$\log(xy) = \log x + \log y$$

により表されます。この等式は対数積分の加法定理そのものです。実際、

$$\alpha = \int_1^x \frac{dx}{x}, \qquad \beta = \int_1^y \frac{dx}{x}, \qquad \gamma = \int_1^z \frac{dx}{x}$$

と置くとき、三つの変数 x, y, z の間に

$$z = xy$$

という関係式が成立するなら、等式

$$\alpha + \beta = \gamma$$

が成立し、二つの対数積分の和がひとつの対数積分に帰着されました。これが対数積分の加法定理です。

めて読もうとしたときのことですが、序文を読み始めてすぐにこの言葉に出会い、あまりにも意外なことに驚愕し、しばらく先に進むことができなくなってしまうほどでした。アーベルに教えられて、こうして楕円関数論の原点へと一気に回帰するという事態になりました。楕円関数論の入り口に微分方程式論が横たわっているというのは、いったいどのようなことなのでしょうか。アーベルの論文を読むまでは決して思うことのなかった疑問ですし、このような根源的な疑問に遭遇するということ自体に古典ならではの力が現れています。

変数分離型の微分方程式では、変数 x のみが見られる微分式と変数 y のみが関わる微分式が切り離されていて、そのような状況を指して「変数が分離している」と呼んでいます。言葉の意味も方程式の形も等しく明快でありながら、二つの微分 dx と dy が単独で現れているところが非常に気に掛りました。これではまるで微分それ自体に何かしら独自の意味が備わっているかのようですし、どのように理解したものか困惑させられたのでした。これに加えて、アーベルの言葉の理解を妨げるもうひとつの困難がありました。今日の数学で微分方程式といえば、未知の関数の導関数を内包する何らかの等式のことで、その未知関数を微分方程式の解と呼んでいます。解という意味で積分という言葉が用いられることもときおりあります。これに対し、オイラーが提示した（アーベルの言葉）微分方程式には二つの変数が対等の立場で現れているばかりで、関数の姿はどこにも見られません（ｃｏｌｕｍｎ５参照）。これだけでも大いに困惑させられてしまいました。そのうえ微分方程式の解を積分と呼ぶ理由もよくわかりませんし、解が代数的であるということの意味なども合点がいきませんでした。

オイラーのいう微分方程式の積分は関数ではなく、二つの変数の間の大域的な関係を明示する関係式のことであり、そこに「代数的」という形容句を冠して代数的積分といえば、代数方程式で表される関係式のことになります。微分方程式の解といえば関数のことと思い、変数分離型の微分方程式というのは微分方程式を解くための解法の技術とばかり思い込んでいましたので、オイラーの目には微分方程式論においてまったく別の光景が映じているかのような不思議な印象を受けたものでした。

アーベルの「楕円関数研究」を読み始めたとたんに、素朴でありながら、しかも容易に解き難い困難に直面してしまいました。この困難を解消するには微積分の形成史の回想が不可欠で、デカルトやフェルマあたりまでさかのぼり、ライプニッツ、ベルヌーイ兄弟を経てオイラーにいたる道筋をたどる必要があります。たいへんな歳月を要する作業でした。

第一種楕円積分と第一種逆関数

今日の数学で楕円関数というと、複素平面全体上で定義されて、本質的特異点をもたず、二重周期性を備えている解析関数のことであり、楕円関数論はこの定義とともに始まります。この定義を見ても、なぜこのような関数を考えるのか、なぜ楕円関数という名で呼ばれるのか、伝わってくるものは何もなく、大いに困惑させられてしまいます。ところがアーベルによると、

●column5● 変数分離型微分方程式

次に引くのは「楕円関数研究」の冒頭にみられるアーベルの言葉です。

> このような関数の最初のアイデアは、分離方程式
> $$\frac{dx}{\sqrt{\alpha+\beta x+\gamma x^2+\delta x^3+\varepsilon x^4}}+\frac{dy}{\sqrt{\alpha+\beta y+\gamma y^2+\delta y^3+\varepsilon y^4}}=0$$
> が代数的に積分可能であることを証明する際に、不滅のオイラーによって与えられた。

xとyは変化量、dxとdyはそれぞれxとyの微分と呼ばれる無限小変化量です。オイラーが取り上げた微分方程式ではdxとdyがはじめから分離しています。その解として期待されているのはxとyを連繫する方程式で、その方程式は「積分」という名で呼ばれます。解として得られる方程式が代数方程式の場合、それを「代数的積分」と呼び、代数的積分が存在するとき、提示された微分方程式は「代数的に積分可能」であるといいます。ここに挙げられたタイプの微分方程式は二つの微分式で作られていますが、平方根のもとにあるのは変化量の四次多項式で、この形の微分式の積分は楕円積分です。オイラーはこのような微分方程式が代数的に積分可能であることを示したのですが、それが楕円関数論の出発点になったというのがアーベルの指摘です。

楕円関数論のはじまりは微分方程式論であるとのこと。それでまたしても困惑させられてしまうところまで、話が進みました。

楕円関数論というほどですから、そのねらいは楕円関数のいろいろな性質を調べることであろうと想定するのは自然の成り行きです。ところがアーベルのいう楕円関数は今日の語法でいう楕円関数ではなく、楕円積分を指していています。アーベルの

「楕円関数研究」の序文の言葉を続けると、楕円関数論の歴史が回想されています。アーベルはオイラーに続いてラグランジュの変換理論に言及し、それから次のようにルジャンドルを賞讃する言葉を語りました。

しかし、これらの関数の本性を深く究明した最初の人、そしてもし私が思い違いをしているのでなければ唯一の人物はルジャンドル氏である。彼はまず楕円関数に関する一論文の中で、続いてそのすばらしい『数学演習』の中で、これらの関数のエレガントな性質の数々を繰り広げ、またその応用を示した。この著作の刊行以来、ルジャンドル氏の理論に付け加えられたものは何もなかった。これらの関数に関するその後の諸研究を、喜びを味わうことなく目にする者はないであろうと私は思う。

ラグランジュが考察した積分を見ると、積分記号下の関数に平方根があり、その平方根記号のもとにあるのは変数 x の四次多項式です。このような積分は当初は「楕円的な超越物（楕円的であって、しかも超越的なもの）」などと呼ばれていましたが、ルジャンドルは新たに「楕円関数」という呼称を提案しました（ｃｏｌｕｍｎ６参照）。「関数」の一語をここで使うのは、それ自体がきわめて斬新な印象を与える出来事でした。

ルジャンドルは理論そのものの進展に大きく寄与するということはなかったとはいうものの、

オイラーとラグランジュが残した大量の研究を集大成する仕事に力を発揮して、大部の著作をたくさん書きました。アーベルもヤコビもそれらを読んで勉強しましたので、用語や記号の使い方の面で影響を受けています。アーベルが楕円積分を楕円関数と呼んだのもそのためで、ルジャンドルの提案が継承されています。

ルジャンドルはルジャンドルのいう楕円関数、すなわち楕円積分を三種類に区分けして、第一種、第二種、第三種の楕円関数を定めました。アーベルは第一種楕円関数には一価性を備えた逆関数が存在することに着目し、「楕円関数研究」においてその逆関数の性質を書き並べました。特別の名前はなく、ただ別の論文や書簡などを見ると「第一種逆関数」という呼び方がなされている場面にときおり出会います。

アーベルはこの第一種逆関数の変数の変域を実数域に限定せず、オイラーが発見した楕円積分の加法定理の支援を受けることにより複素数域に拡大しました。アーベルはオイラーの加法定理を第一種逆関数の言葉で書いて、「第一種逆関数の加法定理」を手に入れました。

第一種逆関数の変数の変域を複素数域に拡大し、複素変数の関数として考察するという道を開いたのはオイラーを越える出来事で、アーベルの創意の所産です。もっともアーベルに先立ってガウスはすでに同じ道筋を実際に歩んでいました。アーベルはガウスが何をしていたのか、具体的なことは知る由もありませんでした。ガウスの著作『アリトメチカ研究』を見て、あるともないとも言えないようなほんのわずかな兆候に触発されて、何事かを感知したのでしょう。

● column6 ● ラグランジュが考察した楕円積分とアーベルが考察した第1種楕円積分

オイラーの思索を継承して、ラグランジュは

$$\int \frac{Rdx}{\sqrt{(1-p^2x^2)(1-q^2x^2)}} \qquad \text{（ここで、}R\text{ は }x\text{ の有理関数）}$$

という形の楕円積分を考察し、この形の積分の変換理論を構築しました。

アーベルは「楕円関数研究」において第1種楕円積分

$$\alpha = \int_0^x \frac{dx}{\sqrt{(1-c^2x^2)(1+e^2x^2)}} \qquad (c\text{ と }e\text{ は定数})$$

を書き、その逆関数を $x=\varphi(\alpha)$ で表しました。今日の数学の語法でいう楕円関数の原型ですが、アーベルは特別の呼称を考案することもなく、ルジャンドルへの手紙などでときおり第1種逆関数と呼んでいるにすぎません。

変数の変域を複素数域に拡大すると、第一種逆関数の諸性質が浮き彫りにされてきます。もっとも際立っているのは二重周期性ですが、零点と極点の分布状況も明らかになり、その結果、第一種楕円関数の逆関数は今日の語法での楕円関数であることが判明します。この状況を指して、「アーベルは楕円関数を発見した」と言われることがあります。

発見を定義にする

今日の楕円関数の概念はアーベルが発見した第一種逆関数に由来することはまちがいないとして、第一種逆関数が今日の楕円関数になるためには二重周期性の認識だけでは足らず、解析性の概念の自覚が醸成される必要があります。これは複素変数関数

論の形成と連繫する課題で、この形成史を叙述するにはコーシーによる留数解析の発見あたりから説き起こして、ヴァイエルシュトラスとリーマンの複素関数論を回想しなければならないところです。

関数の解析性の自覚が得られると、アーベルの第一種逆関数は「複素平面上の二重周期をもち本質的特異点をもたない解析関数」と認識されるようになりました。「本質的特異点をもたない解析関数」は今日の複素変数関数論では有理型関数と呼ばれています。ヴァイエルシュトラスとリーマンによる複素変数関数論の基礎理論の構築のねらいはそこにありました。アーベルは「楕円関数研究」の時点ですでに第一種逆関数の零点や「関数の値が無限大になる点」の配置状況に着目して詳しく調べています。解析関数の概念を土台にして観察すると、第一種逆関数の値が無限大になる点というのは解析関数の「極」であることが判明します。極は非本質的特異点の別称です。

アーベルは複素変数関数論を持ち合わせていませんでしたが、第一種逆関数を複素変数の関数として考察するというアイデアは手にしていました。アーベルには関数の解析性の認識が欠如していたから不完全だという批評は理屈の上ではまちがっているわけではありませんが、アーベルのアイデアがなければヤコビもヴァイエルシュトラスもリーマンも出る幕はありませんし、今日の複素変数関数論は成立しなかったろうと思います。

アーベルの目標が楕円関数の研究にあることはアーベル自身の論文「楕円関数研究」の表題

に見られるとおりであり、アーベルのいう楕円関数が実際には楕円積分であることもまた既述のとおりです。楕円積分に関する何かしら特別の事柄を研究するために、アーベルは第一種逆関数に着目したのですし、そこにアーベルの創意が現れています。第一種逆関数の本性の解明を押し進めると「全複素平面上で定義された二重周期をもつ有理型関数」という認識に到達します。そこで話の順序を逆転させて、「全複素平面上で定義された二重周期をもつ有理型関数」を指して楕円関数と呼ぶということにすれば、それで今日の楕円関数の定義が得られます。今日の楕円関数の概念がこうして獲得されました。「発見されたことを転用して定義にする」という、数学でしばしば見られるやり方です。

「二重周期をもつ有理型関数を楕円関数と呼ぶ」という楕円関数の定義の文言をどれほど眺めても何の印象も受けませんが、この簡明な定義の根底には、第一種逆関数というアーベルのアイデアが横たわっています。源泉から出発して川の流れを流れに沿ってたどっていけば、何もかもが判然として諒解されて、いろいろな疑問はみな消失します。定義を理解する鍵は歴史の中にひそんでいるということの著しい事例です。

数学の本質は歴史に宿っている

今日の語法でいう楕円関数の定義はそれはそれでよいとしても、定義の文言を見ても、なぜこのような関数を考えることにしたのかというもっとも根源的な問いに答えることはできません。アーベルに始まる「楕円関数の定義の由来の歴史」をたどらなければ決してわからないことで、数学の本質は歴史に宿っているということの際立った事例のひとつです。

さらに根本に立ち返って、そもそもアーベルが第一種逆関数を考えることにしたのはなぜだろうかと問うと、その答えはある特定の形の変数分離型の微分方程式論にあります。この種の微分方程式論はオイラーにはじまり、オイラーはその代数的積分を求めようとしました。楕円関数論の泉がそこにあることはアーベルが「楕円関数研究」の冒頭で真っ先に指摘していたとおりです。微分方程式論の一環に変換理論があり、第一種逆関数は変換理論を確立するための有効な補助手段をもたらしました。アーベルが着目したのはそこのところです。

今日の楕円関数の概念はアーベルに固有の創意から生れましたが、アーベルに加えてガウスの名を挙げるのも自然です。アーベルとガウスを離れてどこかしら観念の世界に楕円関数の概念が抽象的普遍的に存在しているわけではなく、アーベルとガウスという特定の個人の思索の世界から生れたというところに、数学の神秘が宿っています。数学は人が創る学問であることを、幾度も繰り返して強調したいと思います。

変換理論と等分理論について

楕円関数論がオイラーに始まることは既述のとおりです。オイラーがある特定の形の変数分離型微分方程式の代数的積分を求めようとして行き詰まっていたところ、そこにイタリアのト

PRODUZIONI
MATEMATICHE
DEL CONTE GIULIO CARLO
DI FAGNANO,
MARCHESE DE' TOSCHI,
E DI SANT' ONORIO
NOBILE ROMANO, E PATRIZIO SENOGAGLIESE
ALLA SANTITA' DI N. S.
BENEDETTO XIV.
PONTEFICE MASSIMO.
TOMO PRIMO.

IN PESARO
L' ANNO DEL GIUBBILEO M. DCC. L.
NELLA STAMPERIA GAVELLIANA
CON LICENZA DE' SUPERIORI.

ファニャノ『数学論文集』（全 2 巻，1750年）第 1 巻の表紙.

リノの数学者ファニャノの論文集が届きました。そこには懸案の微分方程式のひとつの特殊解が記されていました。ファニャノは別に微分方程式を解こうとしていたわけではなく、レムニスケート型微分式を同型の微分式に移す変数変換をたまたま見つけただけのことにすぎませんでした。ところが、微分方程式論の構築に向って歩を進めようとしていたオイラーの目には、ファニャノが書き留めた変数変換式は微分方程式の特殊解と映じたのでした。

　オイラーは楕円積分の加法定理も発見しましたが、そこから即座に倍角の公式が導かれます。それならアーベルがそうしたように等分方程式の解法を論じるという方向に進んでもよさそうですが、そのようにならなかったのはなぜなのでしょうか。そのあたりもまた謎めいていて、考察を加えなければならない論点です。

　オイラーに続いてラグランジュが現れて、それか与えているということにほかなりません。オイラーの視点に立てば、ファニャノは期せずして微分方程式を解いたことになります。

解のひとつが見つかったことに示唆を得て、オイラーはたちまち壁を乗り越えて、完全代数的積分、すなわち代数的な一般解

$$x^2+y^2+c^2x^2y^2=c^2+2xy\sqrt{1-c^4} \qquad (c\text{ は定数})$$

の発見に成功しました。

ら楕円関数論はルジャンドルの手にわたりました。ルジャンドルは変換理論というものを考案し、ほんの少しではありますが、低次数の変換を見つけました。変換というのは変数分離型微分方程式の有理関数の形に書き表された解のことで、ルジャンドルに続いてヤコビとアーベルは完全に一般的な変換式を書き下すことに成功し、その際に有効な働きを示したのが第一種逆関数でした。変換を与える有理式の係数を規定するところに変換理論の核心が認められ、アーベルとヤコビはその係数を第一種逆関数の特殊値を用いて記述したのでした。これを実現するには前もって第一種逆関数の諸性質を明らかにしておかなければなりませんから、楕円関数論の重点は第一種逆関数それ自体に移行したかのような光景が現れました。それでも主問題はあくまでも変換理論であり、オイラーに始まる変数分離型微分方程式の代数的積分の探索の一環です。

変換理論と並ぶ楕円関数論のもうひとつの主問題は等分理論で、この理論では第一種逆関数が主役を演じます。等分理論の出発点を回想すると、今度は立ち返る場所はオイラーではなくファニャ

●column7● オイラーの行く手を妨げた微分方程式

1750年ころ、オイラーは微分方程式

$$\frac{dx}{\sqrt{1-x^4}}+\frac{dy}{\sqrt{1-y^4}}=0$$

の代数的積分を探索して行き詰っていましたが、そこにトリノからファニャノの著作『数学論文集』(全 2 巻) が届きました。1750年に刊行され、翌1751年の末になってベルリンのオイラーのもとに届けられました。オイラーの関心はどこまでも微分方程式にあり、レムニスケート曲線の等分に大きな関心を寄せていたわけではなかったのですが、ファニャノの論文集を一瞥したところ、変数変換

$$y=\sqrt{\frac{1-x^2}{1+x^2}}$$

によりレムニスケート積分は同型のレムニスケート積分に変換されて、等式

$$\int_0^x\frac{dx}{\sqrt{1-x^4}}=-\int_1^y\frac{dy}{\sqrt{1-y^4}}$$

が成立するという記述が目に留まりました。この等式の両辺の微分を作ると、微分方程式

$$\frac{dx}{\sqrt{1-x^4}}=-\frac{dy}{\sqrt{1-y^4}}$$

が得られます。これを言い換えると、方程式 $y=\sqrt{\frac{1-x^2}{1+x^2}}$、すなわち

$$x^2+y^2+x^2y^2=1$$

という代数方程式は、オイラーの行く手をさえぎっていた微分方程式

$$\frac{dx}{\sqrt{1-x^4}}+\frac{dy}{\sqrt{1-y^4}}=0$$

の解のひとつ (特殊解もしくは特殊積分という呼称があてはまります) を↗

ノです。ファニャノはレムニスケート曲線の任意の弧の二等分点や四分の一部分（第1象限内に描かれた部分）の三等分点と五等分点を幾何学的に、言い換えると定規とコンパスのみを使って作図する方法を発見し、それをレムニスケート曲線に備わっている興味深い性質と見て、「私の曲線の新しくて特異な性質」という言葉を書き留めました。

これがファニャノによるレムニスケート曲線の等分理論で、オイラーはもとより承知していましたが、ファニャノを越えて楕円関数の等分理論の方向に進もうとする気配は見られません。その理由は何かというと、オイラーの関心はあくまでも微分方程式論にあったことと、等分理論は微分方程式とは関係がないように見えることが挙げられると思います。

レムニスケート曲線の等分理論はガウスを待って再び数学史に出現しました。ガウスがファニャノのレムニスケート曲線論を知らないとは思えませんし、ファニャノの名にガウスがまったく言及しないのはいくぶん不可解な事態ですが、レムニスケート曲線の等分問題への着目という点においてファニャノは確かに先駆者でした。ガウスなら一般の楕円関数に対する等分理論をも視圏にとらえていたと考えても不思議ではありません。ガウスの全集を概観してもその間の消息を物語る具体的な文書などは見あたりませんが、それにもかかわらずアーベルはガウスの著作『アリトメチカ研究』の第七章の円周等分方程式論と、その第七章の冒頭にぽつんと書き留められたレムニスケート積分に示唆されて楕円関数の等分理論の存在を察知して、一般の楕円関数の等分理論の構築に向けてひとりで歩みを運んでいきました。

レムニスケート曲線の等分はレムニスケート曲線の弧長積分、すなわちレムニスケート積分の等分と同じことで、逆関数に移るとレムニスケート関数の等分方程式を解くことに帰着されます。一般の第一種楕円積分の等分を考えるところに歩を進めると、もうレムニスケート曲線のような幾何学的なイメージは伴いません。等分点の作図問題という観点は失われ、第一種逆関数の等分方程式の解法の問題になっていきます。第一種逆関数をあらためて楕円関数と呼ぶことにすると、等分理論の主役を演じるのははっきりと楕円関数です。ガウスが書き留めた一個のレムニスケート積分こそ、アーベルの孤独な歩みの出発点です。『アリトメチカ研究』と「楕円関数研究」を二つながら読むことにより、この鮮明な事実の印象がはじめて深々と心に刻まれました。古典の力はこんなところにも現れています。

円周等分方程式論の回顧——ガウスからアーベルへ

アーベルが構築した数学的世界を支える二本の柱は代数方程式論と楕円関数論で、入り口は代数方程式論でした。次数が4を超える一般の代数方程式は代数的に解くことはできないという、「不可能の証明」に成功したのが最初の大きな成果でした。十六世紀のイタリアの代数学に端を発する代数方程式論の研究はこれで一段落した恰好になりましたが、実際にはこれで終ったわけではなく、「不可能の証明」は新たな方向に向うための出発点でした。五次以上の一般の高次方程式は代数的に可解ではないとしても、次数とは無関係に、あるいは、もっと正確に言えば、次数がどれほど高くとも、代数的に解ける方程式は存在します。その大きな一例が円周等分方程式で、ガウスがこれを示しました。

アーベルはガウスの著作『アリトメチカ研究』を見てガウスの円周等分方程式論を知り、代数的可解性を左右する根本的要因が「諸根の相互関係」であることを理解した模様です。アーベルに及ぼされたガウスの影響がここにはっきりと現れています。

ガウスの影響は「不可能の証明」にも及んでいます。実際、アーベルは当初は五次方程式の代数的可解性を信じていて、証明に成功したと思って論文を書いたこともあったのですが、ガウスの『アリトメチカ研究』を見て影響を受けて考えを変えました。ガウスは証明こそ書かなかったものの、五次方程式の代数的可解性をきっぱりと退けて、そんなことがありうるはずがないという主旨の文言を『アリトメチカ研究』の中に明記しています。円周等分方程式が次数の高さに無関係に代数的に解ける秘密は「諸根の相互関係」にあるとしても、その相互関係を具体的に観察するための手順が確立されなければ何事も起りません。円周等分方程式の根は複素指数関数の特殊値で表されますから、指数関数という解析関数の性質に支えられて諸根の相互関係がはっきりと浮かび上がります。後年、クロネッカーはあるいはアーベル方程式と呼び、またあるいは単純アーベル方程式と呼ぶというふうで、なかなか呼称が確定しなかったのですが、巡回方程式と呼ぶのがもっとも相応しいと思います。根を表示するのに使われる関数は実関数ではなく、複素変数の解析関数である点も重要なところです。広範囲を俯瞰する力を宿すガウスの目には、これらのすべてがいっせいにパノラマのように映じたのであろうと思われますが、ガウスが見たのと同じ光景をアーベルもまた見たのでした。

代数的可解性を信じたころ

五次以上の一般代数方程式の代数的可解性を否定する命題の証明にはじめて成功したアーベルの名にちなみ、この命題は「アーベルの定理」と呼ばれています。その証明を叙述するアーベルの論文が『クレルレの数学誌』の第一巻（一八二六年）に掲載されたとき、そこには「四次を越える一般方程式の代数的解法は不可能であることの証明」という、内容をそのまま物語る表題が附されました。アーベルの定理がしばしば「不可能の証明」と略称されるのはこの論文の表題に由来します。

アーベルの少しのちにガロアもまた同じ問題を探究しました。ガロアは「方程式が冪根を用いて解けるための条件について」（一八三〇年）という論文において今日の語法でいう「ガロア理論」の原型と見られる理論を構築し、それに基づいて「不可能の証明」を遂行しました。ガロア理論によると、代数方程式の代数的可解性を左右するのは方程式に附随するガロア群の構造であり、方程式の代数的可解性はガロア群が可解群であるか否かという状勢に帰着されます。一般五次方程式のガロア群は五次の対称群と呼ばれる群になりますので、「不可能の証明」は五次の対称群が可解群ではないことを確認するだけの単純な作業になってしまいます。非常に簡明で洗練された証明法で、「不可能の証明」を諒解するにはガロア理論だけで十分のような印象があるためなのかどうか、アーベルによる一番はじめの証明が顧みられる機会は次第にとぼしくなっていったような印象があります。代数方程式論の場においてアーベルが発見したもうひとつの命題にアーベル方程式の代数的可解性がありますが、アーベル方程式のガロア群はアーベル群ですから、アーベル群は可解群であることを確めるだけでアーベルの発見はたちまち導かれてしまいます。

アーベルの論文を読む前にガロア理論に接したために、アーベルの代数方程式論はガロアの理論に覆われて本当の姿が見えにくかったのですが、実際にアーベルの論文を読んでみると漠然と抱いていた影の薄い印象はたちまち払拭されました。アーベルの「不可能の証明」はガロアの証明とはまったく異なる考え方に根ざしていたのでした。

「不可能の証明」を綴るアーベルの論文は次に挙げる四つの章で構成されています。

第一章　代数関数の一般的形状について
第二章　与えられた方程式を満たす代数関数の諸性質
第三章　いくつかの量の関数が、そこに包含されている諸量を相互に入れ換えるときに獲得しうる相異なる値の個数について
第四章　五次方程式の一般的解法は不可能であることの証明

第一章と第二章に「代数関数」という言葉が見られますが、アーベルのいう代数関数というのはいくつかの定量に対して代数的演算（加減乗除の四演算に「冪根を作る」という演算を合わせた五つの演算の総称）を施して組み立てられる式のことで、もともとオイラーに由来する概念です。ここでは「代数的表示式」という言葉を使うことにします。それもまたアーベルが別の場所で用いている用語です。

オイラーのいう代数関数の概念は代数的表示式から出発しています。「関数」というのですから代数的表示式の構成に用いられる量は定量ばかりではなく、一個またはいくつかの変化量が混じっていて、それらの変化量の関数として語られるのが本来の姿です。代数関数の本性に寄せる認識の深まりとともに代数関数を語る文言も次第に変遷し、リーマンやヴァイエルシュトラスの時代に移ると代数的表示式は非常に特別の代数関数と見られるようになりました。この論点については第六章でもう少し詳しく紹介します。

アーベルの代数関数を組み立てている諸量には変化量と定量の区別はなく、ただ構成の様式が代数的であるという点に着目して、オイラーに由来する代数関数という言葉が採用されているばかりです。もう少し具体的にいうと、アーベルの念頭にあるのは、与えられた代数方程式の係数を用いて作られる代数関数の姿です。

アーベルの証明の秘密はこの「代数的表示式」の一語に宿っています。ある代数方程式が代数的に解けるとするなら、その根は諸係数を用いて代数的に組み立てられます。それが代数的に解けるということの具体的な内容です。アーベルははじめ一般五次方程式を代数的に解こうとして考察を重ね、成功を確信して一篇の論文を書いたこともあったのですが、この時期の試みの核心は、方程式の諸係数を用いて、根を表示する力のある代数的表示式を見つけることでした。成功したとも失敗したともだれも明確な判断を下さなかったところ、アーベルはガウスの『アリトメチカ研究』を読んで悟るところがあり、探索の向きを逆転して「不可能の証明」を追い求めるようになりました。

ガウスは証明の細部こそ書きませんでしたが、一般五次方程式を代数的に解くなどということができるはずがないという考えの持ち主で、『アリトメチカ研究』の第七章でそのようにはっきりと語っています。アーベルはそれを見たのでした。

「不可能の証明」の証明法

代数的可解性の証明から「不可能の証明」へと探索の方向が完全に逆向きになったのですから、本来なら当然のことながら、従来の苦心をなげうってまったく新しい証明法を考案しなければならないところですが、アーベルの場合にはそのようにはなりませんでした。なぜなら、代数的可解性の証明というのは方程式を満たす代数的表示式を見つけることですし、「不可能の証明」というのは、そのような代数的表示式は存在しないことを示すことだからです。代数的表示式の形状というところに論点の中心があり、その中心は不動のままにして視点を転換すればよいことになります。

アーベルはまず代数的表示式というものの一般的形状を探究しました（第一章、column 8参照）。次に、一般五次方程式が代数的に可解なら、その根を表す力のある代数的表示式は何かしら特別な形状をもっていることが予想されます。アーベルはそのような代数的表示式を実際に書き下し、諸性質を調べました（第二章）。代数的表示式に姿を表している諸根の配置を入れ換えると、表示式の姿はさまざまに変りますが、何個の値を取りうるのか、表示式の形を見れば判明します（第三章）。そこでこの数え上げを実行すると矛盾に逢着しますので、これで「不可能の証明」が完成します（第四章）。

このような証明法ですので、方程式の根を表す力のある代数的表示式を具体的に書き下すところに成功の鍵があります。どこまでも方程式そのものから離れようとしないのがアーベルの流儀であり、この点もガロアの方法に比べてまったく異なっています。今日のガロア理論を見るだけでは決してわからないことで、これもまた古典解読の意義を示す著しい事例です。

アーベルの省察——代数方程式論に寄せて

西欧近代の数学の流れにおいて、代数方程式論は十六世紀のイタリア学派（シピオーネ・デル・フェッロ、タルタリア、フェラリ、カルダノ）以来の長い歴史をもっています。デカルト、ベズー、チルンハウス、オイラーと続く人びとの思索が重ねられた後に、十八世紀の後半期にラグランジュが代数的解法をめぐって行った省察は一段と深刻な意味を帯びています。ラグランジュは「方程式の代数的解法の省察」（二回に分けて公表されました。掲載誌の刊行年はそれぞれ一七七二年と一七七三年）という長い論文を書き、「代数的解法とは何か」という問いを立てて考察を繰り広げました。アーベルに及ぼされたラグランジュの影響も大きかったことと推察されますし、そのアーベルにもまた独自の「省察」が存在します。公表された論文ではなく、遺稿の形で残されている未定稿で、アーベルの全集に収録されています。表題は「方程式の代数的解法について」というのですから、「省察」の一語を添えればラグランジュの論文と同じです。

次に引くのは緒言の書き出しの部分です。

代数学のもっとも興味深い諸問題のひとつは、方程式の代数的解法の問題であり、卓越した地位を占めるほとんどすべての幾何学者たちがこのテーマを論じてきたという事実もまた認められる。四次方程式の根の一般的表示に到達するのに困難はなかった。四次方程式を解くための首尾一貫した方法も見つかったし、しかもその方法は任意次数の方程式に対しても適用可能であるように思われた。だが、ラグランジュや他の傑出した幾何学者たちのありとあらゆる努力にもかかわらず、（代数方程式の代数的解法の発見という）提示された目的に到達することはできなかったのである。このような事態には、一般的な方程

● column8 ● アーベルが「不可能の証明」のために利用した根の代数的表示式

アーベルが「不可能の証明」の論文の第１章で書いた根の表示式を紹介します。アーベルが用いた記号をそのまま再現することにして、代数的表示式 ν の次数を m、位数を μ とします。代数関数 ν が許容しうる最も一般的な形状として、アーベルは

$$\nu = q_0 + p^{\frac{1}{n}} + q_2 p^{\frac{2}{n}} + q_3 p^{\frac{3}{n}} + \cdots + q_{n-1} p^{\frac{n-1}{n}}$$

という表示式を書きました。ここで、n は素数、$q_0, q_2, \cdots, q_{n-1}$ は次数 m、位数 μ の代数関数、p は位数 $\mu-1$ の代数的表示式です。また、$p^{\frac{1}{n}}$ を $q_0, q_2, \cdots, q_{n-1}$ を用いて有理的に表示することはできません。代数的表示式の「次数」というのは、代数的表示式を組み立てる際に使用される冪根の総個数のことです。代数的表示式を作るには冪根を作る操作を幾重にも積み重ねていかなければならず、その頻度を測定するために「位数」の概念が導入されました。この「冪根を作る」という操作を新たに行うと、そのつど「位数」がひとつずつ増加します。

式の解法を代数的に遂行するのは不可能なのではないかと思わせるに足るものがあった。だが、これは決定不能な事柄である。なぜなら、採用された方法により何らかの結論へと達しうるのは、方程式が可解である場合に限定されているからである。実際、はたして可能なのかどうかを知らないままに、永遠に探索が続くことになってしまうのである。それゆえ、このような仕方で確実に何らかの事物に到達しようとするには、他の道を歩まなければならない。**この問題に対して、それを解くこと**

が可能であるような形を与えなければならないが、…

代数方程式を解くといってもやみくもに式変形を工夫するのでは実りを期待することはできません。「解く」ということの意味するところを深く考えていかなければなりませんが、それは「代数的に解く」ということであり、ラグランジュが省察を加えて明らかにしたとおりです。もっとも代数方程式の根は本当に存在するのだろうかという根源的な問いを立てることも可能であり、もしも存在しないなどということが起りうるのであれば、はじめから考え直さなければならない事態に陥ってしまいます。この点についてはオイラーも気づいていましたし、ガウスが証明に成功しましたので心配はなくなりました。根の存在を保証する命題は**代数学の基本定理**と呼ばれています。

代数方程式論は「不可能の証明」で終結したわけではなく、かえって「不可能の証明」は新たな出発点になりました。代数方程式の中には代数的に解けるものもあれば解けないものもあるという認識が自覚されたのですから、これを踏まえて大きく浮かび上がるのは、代数的可解性の判定基準を確立するという課題です。ガロア理論の立場に立てば、方程式のガロア群を見ればわかると答えることになります。これに対し、アーベルは**代数的に解ける任意次数の方程式をことごとくみな見つけ出す**という、まったく別の方向に歩を進めました。問題を解くには問題の立て方が重要であり、問題そのものに「解くことが可能であるような形を与えなければならない」という所見を具体的に適用することにより、この問題が生れました。すべての代数的可解方程式を見つけるなどということがどうしたらできるのか、一場の夢のような話であり、もし実現したなら、ある与えられた方程式が代数的に可解であるか否かを判定することもまた可能になりますし、「不可能の証明」などもそこからやすやすと派生します。

既述のように、アーベルはガウスの円周等分方程式論に学んで、代数方程式の代数的可解性を左右する根本的要因が「諸根の相互関係」にあることを認識し、そこからアーベル方程式の概念を取り出しました。この認識はガウスから学びました。また、代数的可解方程式の根を表す代数的表示式を決定することに力を注ぎ、そこから「不可能の証明」を導きました。この思索はアーベルに独自です。ガウスに学んだ思索とアーベルに独自の思索が両々相俟って、ガロア理論とは異質のもうひとつの代数方程式論の世界が形作られています。アーベルの全集を紐解くまでは思いもよらなかったことで、印象はあまりにも鮮明でした。

変換理論の流れ

ガウスの円周等分方程式論は『アリトメチカ研究』の第七章に書かれています。その冒頭の序論めいた場所になぜかしらレムニスケート積分の姿が見えるのは既述のとおりです。アーベルはコペンハーゲン大学のデゲン先生にすすめられて楕円関数研究に心が向かうようになりましたが、ガウスが書き留めた一個のレムニスケート積分はアーベルの心に深い印象を刻み、進

$$\cdots\cdots\cdots$$

$$s_{\nu-1}^{\frac{1}{\mu}} = A_{\nu-1}\cdot a^{\frac{m^{(\nu-1)\alpha}}{\mu}}\cdot a_1^{\frac{1}{\mu}}\cdot a_2^{\frac{m^{\alpha}}{\mu}}\cdots a_{\nu-1}^{\frac{m^{(\nu-2)\alpha}}{\mu}}$$

（m は素数 μ の原始根）

となるようにすることができます。しかもこれらの ν 個の関数 $a, a_1, a_2, \cdots, a_{\nu-1}$ はそれら自身、ある ν 次既約巡回方程式の根になります。以上のことを踏まえて、根 z_1 は、

$$\begin{aligned}
z_1 &= p_0 + s^{\frac{1}{\mu}} + s_1^{\frac{1}{\mu}} + s_2^{\frac{1}{\mu}} + \cdots + s_{\nu-1}^{\frac{1}{\mu}} \\
&+ \varphi_1 s\cdot s^{\frac{m}{\mu}} + \varphi_1 s_1\cdot s_1^{\frac{m}{\mu}} + \varphi_1 s_2\cdot s_2^{\frac{m}{\mu}} + \cdots + \varphi_1 s_{\nu-1}\cdot s_{\nu-1}^{\frac{m}{\mu}} \\
&+ \varphi_2 s\cdot s^{\frac{m^2}{\mu}} + \varphi_2 s_1\cdot s_1^{\frac{m^2}{\mu}} + \varphi_2 s_2\cdot s_2^{\frac{m^2}{\mu}} + \cdots + \varphi_2 s_{\nu-1}\cdot s_{\nu-1}^{\frac{m^2}{\mu}} \\
&\cdots\cdots\cdots \\
&+ \varphi_{\alpha-1} s\cdot s^{\frac{m^{\alpha-1}}{\mu}} + \varphi_{\alpha-1} s_1\cdot s_1^{\frac{m^{\alpha-1}}{\mu}} + \varphi_{\alpha-1} s_2\cdot s_2^{\frac{m^{\alpha-1}}{\mu}} + \cdots + \varphi_{\alpha-1} s_{\nu-1}\cdot s_{\nu-1}^{\frac{m^{\alpha-1}}{\mu}}
\end{aligned}$$

（$\alpha = \dfrac{\mu-1}{\nu}$。$\varphi_1 s, \varphi_2 s, \cdots, \varphi_{\alpha-1} s$ は s と既知量の有理式）

というふうに表示されます。

むべき道をはっきりと指し示しました。それは楕円関数の等分理論への道です。

実際に楕円関数を学ぶということになると、なにしろガウスは論文も著作も公表していないのですから、ルジャンドルの著作を読むほかはありませんでした。ルジャンドルには『積分演習』や『楕円関数とオイラー積分概論』という非常に大きな著作があります。後者の『概論』は全三巻で編成されていて、第一巻の刊行は一八二五年、第二巻は一八二六年です。第三巻は先行する二巻の補足という恰好の書物で、三つの補足で構成さ

● column9 ● 三つの代数的表示式

アーベルが報告した三種類の「根の表示式」を書き留めておきたいと思います。アーベルが用いた記号をそのまま使います。

第 1 表示式

素次数 μ の既約な代数的可解方程式の根 y の形状。

$$y = A + \sqrt[\mu]{R_1} + \sqrt[\mu]{R_2} + \cdots + \sqrt[\mu]{R_{\mu-1}}$$

ここで、A は有理量、$R_1, R_2, \cdots, R_{\mu-1}$ はある $\mu-1$ 次方程式の根です。

第 2 表示式

既約な代数的可解方程式の根 z_1 の形状。

$$z_1 = p_0 + s^{\frac{1}{\mu}} + f_2\, s \cdot s^{\frac{2}{\mu}} + f_3\, s \cdot s^{\frac{3}{\mu}} + \cdots + f_{\mu-1}\, s \cdot s^{\frac{\mu-1}{\mu}}$$

μ は方程式の次数、s は既知量を用いて組み立てられる代数的表示式、p_0 は既知量の有理式、$f_2 s, \cdots, f_{\mu-1} s$ は s と既知量の有理式を表しています。

第 3 表示式

上記の第 2 表示式において、量 s が満たす最低次数の代数方程式を $P=0$ とすると、この方程式は巡回方程式になります。言い換えると、この方程式の根 $s, s_1, s_2, s_3, \cdots, s_{\nu-1}$（$\nu$ は方程式 $P=0$ の次数）は、

$$s, s_1 = \theta s, s_2 = \theta^2 s, s_3 = \theta^3 s, \cdots, s_{\nu-1} = \theta^{\nu-1} s$$

という形に表示されます。θs は s と既知量を用いて組み立てられる有理式。$\theta^2 s$ は有理式の合成 $\theta(\theta s)$。以下、$\theta^3 s, \cdots, \theta^{\nu-1} s$ と続きます。また、s の有理式 $a, a_1, a_2, \cdots, a_{\nu-1}$ を適切に作ることにより、

$$s^{\frac{1}{\mu}} = A \cdot a^{\frac{1}{\mu}} \cdot a_1^{\frac{m^{\alpha}}{\mu}} \cdot a_2^{\frac{m^{2\alpha}}{\mu}} \cdots a_{\nu-1}^{\frac{m^{(\nu-1)\alpha}}{\mu}}$$

$$s_1^{\frac{1}{\mu}} = A_1 \cdot a^{\frac{m^{\alpha}}{\mu}} \cdot a_1^{\frac{m^{2\alpha}}{\mu}} \cdot a_2^{\frac{m^{3\alpha}}{\mu}} \cdots a_{\nu-1}^{\frac{1}{\mu}}$$

↗

れています。「第一の補足」に記入された日付は一八二八年八月十二日、「第二の補足」は一八二九年三月十五日、「第三の補足」は一八三二年三月四日です。これらの補足はアーベルとヤコビの楕円関数研究を受けて執筆されました。この二人の楕円関数論はいかにも斬新ですし、ルジャンドルとしても大きく心を動かされ、理解したいと念願したのでしょう。

『概論』の前の『積分演習』も全三巻で、一八一一年から一八一七年にかけて刊行されました。アーベルとヤコビはガウスが楕円関数論の領域で何事かをやっていることを感知しながらも、実際にはルジャンドルの著作をテキストにして楕円関数論を学びました。

ルジャンドル以前には、楕円関数論の担い手としてオイラーとラグランジュ、それにファニャノやランデンなどという人がいて、これらの人びとの思索の成果を集大成したのがルジャンドルの功績でした。ルジャンドル自身の寄与というのはあまりなく、それでもひとつだけ、変換理論を創始したのはルジャンドルです。新しい理論にはちがいありませんし、ほんの入り口のところだけを手がけて著作にも書きましたので、アーベルもヤコビも影響を受けて、それぞれ変換理論の一般化をめざしました。ヤコビは変換理論の研究で成功したと確信し、ルジャンドルとシューマッハーに手紙を書いてその成果を伝えました。シューマッハーというのはガウスの友人で、『天文報知』という学術誌を創刊した人物です。ヤコビの思惑は的中し、シューマッハーに宛てた手紙は数学に関する部分が抜粋されて『天文報知』に掲載されましたし、ルジャンドルからも返信があり、大いに賞讃されました。

第三章 数論のはじまり

- 西欧近代の数学において、フェルマの数論とガウスの数論は異なる二つの数論の泉である。
- ディオファントスの背景には、ピタゴラスの定理に代表される図形の世界が広がっているが、フェルマは幾何学に別れを告げて「数の世界」の諸現象の観察に向っていった。
- 「数の個性」への関心から不定解析へ。フェルマは数の個性に関心を寄せたが、オイラーとラグランジュは不定解析という、数論を見る新たな視点を提案した。

オイラー展望

ガウスの著作『アリトメチカ研究』は合同式の概念から始まります。第一章から第三章までは今日の語法で初等整数論と呼ばれている事柄が続き、第四章にいたって平方剰余相互法則の数学的帰納法による証明（第一証明）が登場して一段落します。素因子分解の一意性、一次不定方程式の解法、原始根の存在証明、フェルマの小定理など、名所旧跡に次々と出会います。フェルマやオイラー、ラグランジュがすでに承知していたことも多く、ガウスはこの三人の先駆者とは無関係にすべてをみなひとりで発見し、証明したと『アリトメチカ研究』の諸言で語っています。全部自分で発見し、その後にオイラーやラグランジュの論文を見たら同じことが書かれていたというのですが、本当のことであろうと思います。

『アリトメチカ研究』は特に難解ということはなく、実におもしろく進みました。あれこれのことが無秩序に羅列されているのではなく、ガウスの心情のカンバスに「合同式の世界」という舞台が確固として構築されていて、すべては合同式の世界での出来事であることがありありと伝わってきます。数学の論理上の意味の通らない箇所もあって困りましたが、そんなときはドイツ語とフランス語の訳書を参照しました。たいていの場合、英訳のまちがいでした。

これは『アリトメチカ研究』に限ったことではなく、後にオイラーを読んだときにも同様の状況に遭遇しました。全体的な印象では、英語の翻訳書は厳密性に配慮がなく、おおよその意味が通ればよいというほどの考えで訳出されています。厳密に訳出するのがむずかしいからそうするというのではなく、原文の意味を汲んで、その意味が伝わるように文章を書き直すほうがよいという方針で、積極的に意訳されている感じで、翻訳というよりも翻案です。ガウスの著作というよりも翻訳者の作品になり、うまくいけばわかりやすくなりそうですが、翻訳者が数学の中味を正しく理解しないで訳出すると意味のとれない訳文になってしまいます。

それで英訳書を読んだだけでは『アリトメチカ研究』を読んだとは言えません。後にラテン語がまあまあ読めるようになってからわかったことですが、ドイツ語訳は原文に忠実で非常に厳密に訳出されていましたので、ラテン語の原文が難解なときはドイツ語訳に助けてもらいました。フランス語訳はどちらかといえば英訳書に近いのですが、英訳書のような露骨なまちがいはありません。それに、独自の註釈があちこちに附されていますので、ガウスをはさんで翻訳者と対話しているような感じになって参考になりました。

英訳書にもよいところがあります。それは参照文献の指示が豊富なことです。ガウス自身の語るところによると、第四章までに登場するいろいろな命題をみな独力で発見したということですが、実際に、『アリトメチカ研究』を書く際にはオイラーやラグランジュも参照したようで、あちこちに文献が書き留められています。この定理についてはペテルブルクやベルリンの科学アカデミーの紀要の何年何月の第何号に出ているオイラーの論文を見よというふうに指示されています。ただし論文の表題が書かれているわけではありませんので、それだけを頼りに原典にたどりつくのは容易ではありません。ラグランジュでしたら数論の論文は数え方にもよりますが七篇ほどしかありませんので、わりと容易に特定できます。オイラーの場合には数論の論文も非常に多く、しかもほぼすべてラテン語で書かれていてすらすらと読むというわけにもいきませんので、掲載誌の指示だけではオイラーのどの論文のことなのか、判別がむずかしくて弱りました。英訳書が有用になるのはこの点です。

古典研究はガウスからとひとまず決めて『アリトメチカ研究』を読み始めたのですが、あまりにもひんぱんにオイラーが登場するため、次第にオイラーにも関心が向くようになりました。ラグランジュについても同様です。

フェルマへの回帰

ガウスに教えられて、オイラーは数論の領域で多くのことを成し遂げたことを知りました。そこでオイラーの諸論文に目を通し始めたところ、そのオイラーにはフェルマという先駆者が存在することも自然に諒解されるようになりました。西欧近代の数学は古代ギリシアの数学を継承しながらも独自の創造に向う傾向を示し、わけても二つの事例が際立った印象をもたらし

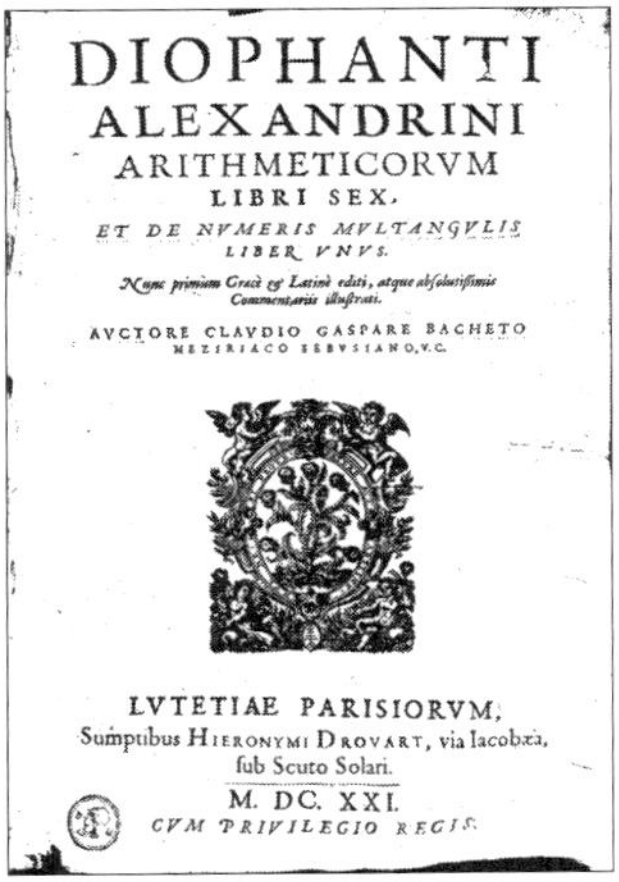
DIOPHANTI
ALEXANDRINI
ARITHMETICORVM
LIBRI SEX,
ET DE NVMERIS MVLTANGVLIS
LIBER VNVS.
Nunc primùm Græcè & Latinè editi, atque absolutissimis
Commentariis illustrati.
AVCTORE CLAVDIO GASPARE BACHETO
MEZIRIACO SEBVSIANO, V.C.
LVTETIAE PARISIORVM,
Sumptibus HIERONYMI DROVART, via Iacobæa,
sub Scuto Solari.
M. DC. XXI.
CVM PRIVILEGIO REGIS.

VARIA OPERA
MATHEMATICA
D. PETRI DE FERMAT,
SENATORIS TOLOSANI.
Accesserunt selectæ quædam ejusdem Epistolæ, vel
ad ipsum à plerisque doctissimis viris Gallicè, Latinè,
vel Italicè, de rebus ad Mathematicas disciplinas,
aut Physicam pertinentibus scriptæ.
TOLOSÆ,
Apud JOANNEM PECH, Comitiorum Fuxensium Typographum, juxta
Collegium PP. Societatis JESU.
M. DC. LXXIX.

（左）『バシェのディオファントス』（1621年）.（右）『フェルマ数学著作集』（1679年）.
フェルマの子供のサミュエル・ド・フェルマが編纂した.

ます。ひとつはデカルトとフェルマあたりに淵源する微積分、もうひとつはフェルマの数論です。

フェルマの時代にディオファントスの著作『アリトメチカ』のラテン語訳が行われましたが、フランスの数学者バシェはギリシア語の原文にそのラテン語訳を併記した対訳書を作成しました。以下これを**バシェのディオファントス**と呼ぶことにします。フェルマはその一本を入手してこれを読み、広い欄外に独自の発見を散りばめた四十八個の数論のノートを書き込みました。

フェルマの発見はほかにもいくつもあり、友人たちに宛てて大量の書簡を書き送って伝えました。ただし、たいていの場合、証明は欠如していて、ごくまれに証明のスケッチがみられる程度です。数論に関心を寄せる人もなかなか現れなかったところ、百年ののちになってオイラーがフェルマの言葉に着目して証明を試みて、いくつかの命題について成功しました。西欧近代の数学における数論の根底がこうして定まりました。

このような経緯を顧みると、学問の継承と創造ということを考えるとき、考察を加えなければならないあれこれの課題が目立ちます。フェルマが発見した数論の諸命題の場合には、そこに何かしらディオファントスをこえる数学的認識が現れているだろうかということが問題になり、この点を具体的に指摘することができなければ、西欧近代の数学における数論を語る値打ちはありません。はたしてどうだろうと思いながら観察してみると、フェルマの数論には古代ギリシアにはない新しい視点が確かに認められることに気がついて、当初の不安はようやく解消に向います。

フェルマが提示した数論の命題の中で今もよく知られているものを挙げると、まず**フェルマの小定理**（column10参照）、次に**直角三角形の基本定理**、それから**多角数による数の表示に関する定理**、最後に**フェルマの大定理**などがたちまち念頭に浮かびます。フェルマの小定理と直角三角形の基本定理についてはオイラーが証明しました。「多角数による数の表示に関する定理」は、三角数や四角数のような簡単な場合にはそれほどむずかしいことはなく（もっともそれほど容易というわけでもありません。四角数についてはラグランジュが証明し、「四平方数定理」と呼ばれています）、一般の多角数の場合を考えるとたいへんな難問になります。

● column10 ● フェルマの小定理

フェルマの小定理とは、

素数 p と p で割り切れない数 a を対象にして、「p の $a-1$ 次の冪を p で割るとき、剰余はつねに 1 になる。

という命題です。フェルマの数論では単に「数」といえばつねに自然数を意味します。

「フェルマの大定理」はフェルマが「バシェのディオファントス」に書き込んだ四十八個の命題のひとつで、証明がむずかしくて最後まで未解決のまま残りましたので、「最後の定理」と呼ばれることもあります。

試みにこれらの命題を古代ギリシアの数論と比較してみると、たとえば「フェルマの小定理」がどうして数論の命題なのかといえば、素数というものの属性のひとつがここに現れているからです。素数に寄せる関心なら古代ギリシアの数学でもすでに語られていました。素数という観念が明確に存在していたのに加えて、素数が無限に多く存在することもまた認識されていました。また、素数の話ではありませんが、**完全数**への着目も見られます。これを言い換えると「数の個性」に関心が寄せられていたということにほかなりません。これらの話はユークリッドの『原論』に記載されているもので、これにディオファントスの『アリトメチカ』を合せると、古代ギリシアの数論的世界の輪郭がくっきりと浮かび上がります。

「直角三角形の基本定理」と「フェルマの大定理」

「フェルマの小定理」では素数というものの属性のひとつが表明されました。素数ではない数（合成数と呼ばれています）との関係性において語られる性質ですから、完全数のような「数それ自体」の性質とはだいぶおもむきが異なります。「直角三角形の基本定理」で語られるのも素数の性質で、素数の全体を「4で割ると1余るもの」と「4で割ると3余るもの」に二分して、前者の数は二つの平方数の和の形に書き表されるのに対し、後者の素数に対してはそのような表示は不可能であることが主張されています。二つの平方数の和の形に表示されるか否かという点に着目するところには、根底においてピタゴラスの定理が反映しているように思われます。古代ギリシア数学の影響がそのような形で現れていると見ることもできそうですが、数論という視点に立つと、感知されるのはやはりフェルマの創意です。

「フェルマの大定理」はディオファントスの『アリトメチカ』の余白に記入された「欄外ノート」のひとつです。フェルマの書き込みはたいていみなディオファントスの本に書かれていることに対する反応で、ときおりバシェによる註釈に向けてさらに所見が寄せられることもあります。ディオファントスは、「平方数を二つの平方数の和の形に分解する」ことを考えていて、フェルマはそれに反応して、それなら、というので表明されたのが「大定理」です。ただし、もう少し正確に言うと、ディオファントスのいう平方数は分数の平方数が考えられていて、

● column11 ● 自然数または分数の平方数の二つの平方数への分解

ディオファントスは16を二つの分数の平方数に分けて、等式

$$16=\left(\frac{16}{5}\right)^2+\left(\frac{12}{5}\right)^2$$

を書きました。この等式の根底には自然数の平方数の間の等式 $5^2=4^2+3^2$ が横たわっています。実際、そこから等式 $1=\left(\frac{4}{5}\right)^2+\left(\frac{3}{5}\right)^2$ が取り出されますが、これを基礎にすると、自然数もしくは分数のどのような平方数 a^2 も

$$a^2=\left(\frac{4a}{5}\right)^2+\left(\frac{3a}{5}\right)^2$$

と、二つの平方数に分解されます。

自然数に限定されているわけではありませんので多少留意しなければならない論点が残されています。

ディオファントスの『アリトメチカ』を見るまでは、ディオファントスは自然数の平方数を二つの自然数の平方の和に分けることを考えていて、フェルマはそれを受けてごく自然な成り行きで自然数の高次の冪の考察に移ったような印象をもっていましたが、これはまちがいでした。実際、ディオファントスは平方数16を例にとって、これを二つの平方数の和に分解していますし、同様にしてどのような平方数も二つの平方数の和の形に表されると主張したかのような印象があります（column11参照）。ところがディオファントスのいう平方数というのは自然数の平方数に限定さ

れているわけではなく、一般に分数の平方数が考えられているのでした。

これに対し、冪の次数を高くして自然数の三次、四次、…の冪に移ると、たとえば三次の冪を二つの三次の冪の和に分解することは決してできないとフェルマは主張したのですが、フェルマのいう高次の冪は自然数の世界においてつくられるのであり、分数は除外されています。フェルマの主張は、ディオファントスの言葉をそのまま高次の冪に移してなされたのではないことに、くれぐれも留意したいと思います。

では、フェルマはなぜ自然数の世界にとどまって「大定理」を主張したのだろうという疑問が起りますが、その理由はディオファントスの考察が自然数の平方数の観察に支えられていることに求められます。自然数の世界では、平方数は二つの平方数の和に分解されることもあり、分解されないこともあります。たとえば、自然数の平方数16を二つの自然数の平方数の和に分けることはできません。この分解が可能な平方数も確かに存在し、たとえば、これは有名な一例ですが、平方数25は二つの平方数9と16の和の形に表されます。このような分解がひとつあれば、それを梃子にして、**自然数もしくは分数のどのような平方数も、自然数もしくは分数の二つの平方数の和の形に表すことができます**。分数をも対象にしてなされたディオファントスの言明の根底には、自然数の平方数のみを対象とする世界が広がっています。フェルマはそこに着目して「大定理」を書き留めたのですが、このあたりの消息はディオファントスの『アリトメチカ』を見るまでは気づきませんでした。（column11参照）。

ディオファントスが書き留めた命題それ自体がピタゴラスの定理に示唆を受けたものですし、フェルマはそれを見て二通りの仕方で反応したことになります。ひとつは「二つの平方数の和の形に表示される数はどのようなものか」という問いを問うことで、「直角三角形の基本定理」はこれに答えています。もうひとつは「立方数」のところを三乗数、四乗数、一般に n 乗数を考える方向に歩を進めることで、これが「大定理」です。このようになるともうピタゴラスの定理のような幾何学的イメージは完全に払拭されて、純粋に「数の理論」というほかはありません。「フェルマの大定理」には西欧近代の数学に固有の創意が現れています。

フェルマとオイラーの数論はラグランジュに継承されて完成度が高まりました。ここまでのところを集大成して『数の理論のエッセイ』という大きな著作を出したのがルジャンドルです。アリトメチカという伝統を負う言葉ではなく、「数の理論」という即物的な言葉をはじめて用いたのもルジャンドルで、この著作の書名に使われました。平方剰余相互法則の証明の試みのように、ルジャンドル自身による寄与も多少は見られるとはいうものの、ほぼすべてフェルマとオイラーとラグランジュの三人で作り上げた理論の紹介にあてられています。

『数の理論のエッセイ』の序文より

『数の理論のエッセイ』は第三版になると書名から「エッセイ」の一語が削除されて、単に『数の理論』となりました。本文にも大きな変更が加えられましたが、幸いなことに第一版の序文はそのまま収録されています。ルジャンドルはこんなふうに書き始めています。

われわれの手もとに残されているさまざまな断片——それらの断片の若干はユークリッドの著作『原論』に収録されている——から判断すると、古い時代の哲学者たちは数の諸性質をめぐって相当に広範囲にわたる研究を行っていたように思われる。

数論の黎明を古代ギリシアの数学に見ている点はガウスと同じです。ルジャンドルは「しかし」と言葉を続けて、彼らには「この学問を研究するのに必要な二つの手立て」が欠けていると言い添えました。ひとつは記数法、もうひとつは代数学です。記数法は数の表示を簡易化するのに有効に用いられ、代数学はいろいろな結果を一般化する働きを示すという指摘で、一理あります。ただし、記数法と代数学のおかげで数論が進歩したというのではなく、逆に、数論が前に進もうとする強固な意志が、これらの二つの手立ての形成をうながしたと見るべきであろうと思います。

ルジャンドルは「代数学の最古の創始者」としてディオファントスの名を挙げました。続いてヴィエトとバシェに言及し、それからフェルマを語り、オイラー、ラグランジュへと及びます。読んでいくと実におもしろく、西欧近代の小さな数論史になっています。このあたりはルジャンドルの著作や論文の特徴です。

西欧近代の数学において、数論はフェルマに始まります。フェルマは数に関する多くの命題を発見しましたが、たいていの場合、証明を語りませんでした。ごくまれに後に無限降下法と呼ばれるようになる証明のあらすじを書き留めたことがあり、その程度のことがかえって目立つほどです。証明を附与しなかったのはなぜかというと、お互いに問題を出しあうという時代精神が背景にあったためであろうというのがルジャンドルの所見です。肝心かなめのことを隠蔽したのはフェルマばかりではなく、そのころはだれでもそうしたようですし、これに加えて、フランスとイギリスの数学者の間で学問上の競争が行われていたという事情もありました。実際、フェルマはイギリスの数学者に向けて、「ペルの問題」と呼ばれることになる問題を提示して挑戦したことがあり、イギリスの側でもこれを受けて解答を試みたものでした。

オイラーの数論を語る

フェルマははたして本当に証明をもっていたのかどうか、疑問の余地はありますが、何の根拠もなしに命題だけを発見したというのも考えにくいところです。いずれにしてもフェルマがもっていたかもしれない証明の数々は失われてしまいましたので、フェルマが遺した命題のひとつひとつを証明するということが、フェルマ以後の数論の重要な課題になりそうです。ところが実際には数論に関心を寄せる人はなかなか現れず、次の世紀のオイラーの登場を俟たなければなりませんでした。その理由として、ルジャンドルの見るところでは、数学者たちはひたすら新しい解析学の発見や応用に専心していたからだという理由を挙げています。この所見にも一理があります。ルジャンドルのいう新しい解析学というのは今日の語法でいう微分積分学のことで、デカルトとともにフェルマ自身も微積分の黎明期の形成に不可欠の人物です。続いてライプニッツ、ベルヌーイ兄弟（兄のヤコブと弟のヨハン）の手で「曲線の理論」が完成して微積分の原型が成立し、これを受けて、次の世代のオイラーは微分方程式論を中核とする新しい解析学の建設をめざしました。そのオイラーが同時に、数の理論の場でフェルマが言明した命題の証明のいくつかに心を寄せて成功した最初の人物になったのでした。

数論は古代ギリシアにさかのぼる古い歴史をもつ学問ですし、多くの人びとが絶え間なく関心を寄せ続けてきたような印象が伴うのですが、実際にはそうではなく、フェルマに続く人はオイラーひとりでした。そのオイラーを継承したのはラグランジュですから、十七世紀と十八世紀の二つの世紀にわたり、フェルマの数論に心を寄せた人物は二人しかいなかったことになります。これもまた実に意外な事実です。

もっとも実際にはオイラーと数論を語り合ったゴールドバッハのような人もいましたし、ルジャンドルもまた十八世紀の後半期を生きて『数の理論のエッセイ』という著作を書いたりしたのですから、オイラーとラグランジュの二人だけというのは厳密には言いすぎかもしれません。それでもこの二人が数論の領域で成し遂げた事柄は他を圧倒する力があり、その影響は今日に及んでいます。ルジャンドルはそれらを集大成して後世に伝えるという役割を担いました。

このような状況ですので、ルジャンドルは何よりも先にオイラーを語ろうとする姿勢を示し、フェルマが発見してオイラーが証明した諸定理のうち、二つの定理を挙げました。ひとつは「フェルマの小定理」、もうひとつは「直角三角形の基本定理」です。この二定理の証明に成功したことが、オイラーの数論の出発点になりました。

ルジャンドルはオイラーの他の発見も紹介しています。それらは次の通りです。

二つの自然数の同一の冪指数をもつ冪を作り、それらの和もしくは差の形に表される数を考える。そのような数の約数の形の考察。

数の分割に関するあれこれのこと。

不定方程式の解法において、虚因子（複素数の形の因子）や非有理因子（無理数の形の因子）を使用したこと。

二次不定方程式のひとつの特殊解が見つかった場合に、一般解を見つける方法。

数の冪に関する定理の数々。たとえば、「フェルマの大定理」の冪次数が3の場合の証明。

ルジャンドルはこんなふうにオイラーの数論を語り、それから、「これらの書きものの中では、多くの不定問題がきわめて巧みな解析的技巧を駆使して解決されている」と言い添えました。ルジャンドルの目には、不定問題の解決ということが一段と鮮明に映じたのでしょう。

不定解析のはじまり

「長い間、オイラーは数の理論の研究に携わったほとんど唯一の幾何学者であった」とルジャンドルは語り、それから「ようやくラグランジュもこの困難な企てに手を染めた」と言葉を続けて、数論の領域におけるラグランジュの寄与を指摘しました。真っ先に語られたのは二次不定方程式の解法です。不定方程式のはじまりということであれば、**ペルの方程式**と呼ばれる不定方程式（column12参照）が即座に念頭に浮かびます。この方程式はつねに解けるという事実を確立したのがラグランジュで、ルジャンドルが高く評価しているのもそこのところです。具体的に解を見つけるには、それはそれで特別のアイデアが必要になりますが、ラグランジュは、数Aの平方根の連分数展開に着目するという方法を提案して解決しました。

もともとフェルマが提示したペルの方程式を、ラグランジュはあくまでも不定方程式の問題と見ています。二次の不定問題の特別の事例のように見えながら、実際にはこの方程式は完全に一般的な二次不定方程式の解法の鍵をにぎっています。それを洞察して一般理論へと踏み込んでいったところに創意が認められるというのが、ラグランジュを語るルジャンドルの言葉の真意であろうと思います。

不定方程式の問題はディオファントスの著作『アリトメチカ』にも現れていたと、ガウスもまた語っていましたし、この点はルジャンドルと同じです。ペルの方程式が不定方程式の一種

●column12● ペルの方程式

ペルの方程式というのは、$x^2 - Ay^2 = 1$（A は平方数ではない自然数）という形の不定方程式で、この等式を満たす自然数 x, y を見つけることが課されています。他方、平方数ではない自然数 A が前もって与えられたとして、その数に平方数 y^2 を乗じ、さらに1を加えると新たな平方数 x^2 が生じることがあります。これを言い換えると、ペルの方程式と同じ形の等式 $x^2 = Ay^2 + 1$ が成立するということになりますが、ここで関心が寄せられているのはどこまでもそのような属性をもつ数 A の性質です。ペルの方程式の「ペル」はイギリスの数学者の名前です。

であることに疑いを挟む余地はありませんが、それはそれとして、ペルの問題を最初に提示した当の本人のフェルマの意図は「数Aの性質の解明」にありました。数Aに平方数を乗じて、そのうえでさらに1を加えると新たな平方数ができることがあります。それはあくまでも数Aの性質であり、そのような特異な性質を備えた数はどのようなものなのかを知りたいというのがフェルマの望みでした。

　数Aに乗じられる平方数をy^2、新たに作られる平方数をx^2とするとペルの方程式が現れます。フェルマが探索したのは、「この等式を満たす数x、yが存在するような数A」ですから、探索の対象はあくまでも数Aです。他方、あらかじめ数Aを固定してこの等式を満たす数x、yを見つけようとすると不定方程式の問題になります。探索の対象が入れ替わり、関心の的も大きく推移してしまいますが、論理的に見ると、「Aの探索」も「x、yの探索」も同じことになります。実際、フェルマが求めた数Aが見つかるということはペルの方程式を満たす二つの数xとyが見つかるということを意味していますし、逆に、もし与えられた係数Aに対してペルの方程式が解をもつなら、そのような数Aはまさしくフェルマが求めていた数にほかなりません。

ある数学的現象があり、ある方面から見れば「数の探索」に見え、別の方面から見れば「不定方程式の解法」に見えるという状況がここに現れています。これをどのように諒解したらよいのでしょうか。古代ギリシア以来の伝統のあるアリトメチカの観点から見れば、フェルマによる「数の探索」は確かにアリトメチカの名に値します。ところが、不定方程式の解法という と、アリトメチカとは別の、何かしらまったく異質の理論が発生したような印象があります。フェルマに立ち返ってペルの方程式を再考すれば、フェルマの真意は確かにアリトメチカの伝統に沿っています。ところが、一般に二次不定方程式の解法の探索という場に移れば、もはや伝統的なアリトメチカから大きく乖離してしまい、アリトメチカから出て別世界に飛躍したという印象が拭えません。この飛躍を実行したのがラグランジュでした。

不定方程式論の萌芽はすでにオイラーにも芽生えていましたが、ラグランジュはオイラーを継承して、「新しいアリトメチカ」を創造したと言えそうです。

直角三角形の基本定理の場合には

フェルマが発見した**直角三角形の基本定理**は「三辺が自然数である直角三角形の斜辺であり

うる数」の特性を教えていますから、伝統的なアリトメチカの命題と考えられますが、同時に不定方程式論の視点からの解釈も可能です（ｃｏｌｕｍｎ13参照）。オイラーとラグランジュの数の理論を集大成したルジャンドルは、著作の書名にアリトメチカという言葉を使用せず、単刀直入に「数の理論」という言葉を採用しました。何気なくそうしたのではなく、古代ギリシアのアリトメチカを離れて新世界を開いたというほどのメッセージが込められていたのでした。

ラグランジュの数論を語るルジャンドルの言葉が続きます。ラグランジュには「アリトメチカ研究」という、ガウスの著作とまったく同じ表題をもつ長大な論文があり、そのテーマは「素数の形状に関する理論」です。「直角三角形の基本定理」をモデルにして実に雄大な理論が構築されました（ｃｏｌｕｍｎ14参照）。

ルジャンドルは数に関する理論はみな不定解析の範疇におさまるという考えに到達したようで、『数の理論のエッセイ』の序文の末尾に書き留めた脚註において、

私は数の理論を不定解析から切り離さずに、これらの二分野を代数解析の同じひとつの部門を形成するものとみなしたいと思う。

と明快に宣言しました。そのうえ「一個もしくは数個の不定方程式を解くことに関係のない定

理は数に関する定理ではない」とまで言うのですから、新しい学問の発見を告げようとする精神の高揚さえ、読む者の心に伝わってきます。

ルジャンドルのように数論と不定解析を同一視するという視点に立てば、フェルマが言明してオイラーとラグランジュが証明を与えたいろいろな命題は、素数の形状に関する理論ばかりではなく、たいていみな不定解析に包摂されてしまいます。フェルマの多角数定理というのは、たとえば「どの数も三個の三角数の和の形に表される」というような命題のことで、これも不定解析と見ることができます。

デカルト的精神と不定解析

西欧近代の数学のはじまりのころの数学はなんでもみな解析学で、代数学は定解析と不定解析に区分けされました。オイラーの著作『代数学完全入門』の構成がまさしくそのようになっていて、前半には三次方程式と四次方程式の解法が書かれています。これが定解析です。後半はさまざまな不定方程式の解法にあてられているのですが、これがつまり不定解析です。三次方程式や四次方程式を解くというのであれば、求める根の個数は決まっていて、すべての根を書き下すことができますから、定解析という言葉がよくあてはまります。不定方程式になると、探索の対象となる根は一般に整数のみで、ときおり分数も許容されることもあります。ガウスの『アリトメチカ研究』の序文にもそのようなことが書かれていました。根の範囲にこのよう

● column13 ● 直角三角形の基本定理

「直角三角形の基本定理」というのは、「4で割ると1が余る素数は「二つの平方数の和の形に表される」という命題で、フェルマが発見しました。直角三角形の基本定理という呼称を提案したのもフェルマ自身です。「4で割ると1が余る素数」というのは $4n+1$ という形の素数のことです。そこで一般に素数 n が $ax+b$（a と b は定まった整数。負数のこともあります）という形に表されるとき、これを「素数 n の線型的形状」と呼ぶことにします。また、素数 n が $ax^2+bxy+cy^2$（a, b, c は定まった整数）という形に表されるとき、これを「素数 n の平方的形状」と呼ぶことにします。

このように呼称を定めると、直角三角形の基本定理は、$4n+1$ という線型的形状の素数が x^2+y^2 という形の平方的形状をもつことを語っていることになります。そこで一般に、素数の線型的形状 $ax+b$ が指定されたとき、その素数はどのような平方的形状をもつだろうかと問うのが、「素数の形状に関する理論」です。

次に引くのは直角三角形の基本定理を語るルジャンドルの言葉です。

> フェルマにより、$4n+1$ という形の素数はどれも二個の平方数の和であることが保証されるとき、これはちょうど A が $4n+1$ という形の素数である限り、方程式 $A=y^2+z^2$ はつねに解けると言明するのと同じことである。

ここで語られている視点に立てば、直角三角形の基本定理は素数 A に対して与えられる不定方程式 $y^2+z^2=A$ の可解条件を教えていることになります。「A が $4n+1$ という形であること」というのが、その条件です。 もうひとつの例を挙げると、「8で割ると7が余る数は $p^2+q^2+2r^2$ という形である」というのもフェルマが発見した命題で、これもまた不定解析でありえます。ほかにもオイラーとラグランジュにより、素数の形状に関するいろいろな命題が発見されています。ルジャンドルの目にはみなことごとく不定方程式を解いているように映じたのでしょう。

●column14● 素数の形状理論の断片

フェルマは素数の形状理論の原型と見られる命題をいくつか発見しました。本文ではそのうちの二つを紹介しましたが、もう少し挙げておきたいと思います。

(1)　$6n+1$ という形の素数は y^2+3z^2 という形である。
(2)　$8n+1$ という形の素数は y^2+2z^2 という形である。
(3)　$8n+3$ という形の素数は y^2+2z^2 という形である。
(4)　$8n\pm1$ という形の素数は y^2-2z^2 という形である。

これらはみな直角三角形の基本定理の仲間ですが、直角三角形のような図形との関連はもう失われています。純粋に素数の形のみに関心が寄せられていて、古代ギリシアのアリトメチカから離れていこうとする気配がみなぎっています。

な限定を課すと、根の個数は有限個のこともあれば無限個のこともあり、まったく存在しない場合さえあります。いかにも不安定な状勢に直面しますので、確かに不定解析という言葉がぴったりです。

そこで不定解析はいつころからあるのかという問いを立ててみると、バシェの著作『おもしろくて楽しいいろいろな問題』（一六二一年）には一次の不定方程式の解法に帰着される問題が集められていて、バシェはそれらの解き方を承知していました。そのバシェがギリシア語とラテン語の対訳書を刊行したディオファントスの『アリトメチカ』を見ると、さまざまな次数の不定方程式の解法に帰着される問題の宝庫です。ディオファントスは紀元三世紀の人という伝承がありますから、不定方程式は古代ギリシアの時代にはすでに存在したと考えてよさそうです。ところが、そうすると、不定方程式を解くことがなぜ数論なのだろうかという、素朴な疑問に襲われてしまいます。

このあたりがどうも不明瞭で長年にわたって釈然としませんでした。ルジャンドルの論文「不定解析研究」や著作『数の理論のエッセイ』などを読んでいるうちにだんだん理解が深まりました。不定解析と数論を先天的に同一視するのはあまりよいことではなく、数論すなわち「数の理論」をアリトメチカの別称と単純にみなすのも不適切です。ディオファントスの著作に書かれているのはどこまでも古代ギリシアの伝統に根ざすアリトメチカであり、アリトメチカの諸問題を代数の力を借りて解こうとするところに、不定解析というもののアイデアの真意がありました。このアイデアを持ち出したのはまずオイラー、それからラグランジュです。

ペルの方程式に立ち返って考え直してみると、フェルマ自身が探索したのはどこまでも「平方数を乗じてさらに1を加えるとまたしても平方数になる」という性質をもつ数Aだったのですが、そのような数の存在の背後には二つの平方数の存在が想定されています。そこで、既知量も未知量も同等に扱うというデカルトの精神に沿って二つの平方数を文字で表すとペルの方程式が出現します。デカルトのアイデアがここに生きています。

デカルトはディオファントスと同じ三世紀の人と伝えられるパップスが編纂した『数学集録』という本を見て、そこに紹介されている幾何の作図問題を代数の力を用いて解くというアイデアを持ち出しました（第五章参照）。そのアイデアが「数の探索」の場にも生きて働いて、不定方程式と呼ばれる代数方程式が出現したことになります。二つの平方数にいろいろな数値をあてはめて数Aを探索するのではなく、逆に数Aの性質に基づいてペルの方程式を満たす二つの未知数を見つけるというふうに進めるほうがよいというところに創意があり、オイラーとラグランジュはAの平方根の連分数展開の観察によりこれを実行しました。

デカルトは古代ギリシア以来知られていたいろいろな曲線のうち、代数方程式で表されるものだけを「幾何学に受け入れるべき曲線」として採用し、それからこの視点を逆転して、一般に「代数方程式で表される曲線」を考えることにすると、曲線の世界は一段と広がります。代数方程式を書き下すと、それは何らかの曲線を表しているという立場に立つのですから、デカルトは「代数曲線の世界」を創造したことになります。これと同じアイデアを数の探索の場に適用すると、今度は「不定方程式の世界」が出現します。この状勢を踏まえ、不定解析そのものを数論と見るという立場を鮮明に打ち出したのがルジャンドルでした。

ルジャンドルは著作『数の理論のエッセイ』に先立って一七八五年に数論の論文を書いていますが、その表題はすでに「不定解析研究」というもので、「不定解析」の一語が明記されています。伝統的なアリトメチカの枠を脱し、何かしら広い世界を発見したという自覚がありありと感知される場面です。

数論におけるルジャンドルの寄与

既述のようにルジャンドル自身は数論の場で真に新しい何事かを寄与したということはありませんが、新しい試みを何もしなかったわけではなく、一七八五年の論文「不定解析研究」においてラグランジュの素数の形状理論を完成の域に高めようとする試みを打ち出しました。ラグランジュは「4で割ると3が余る素数」に対しては一般理論の建設に成功したものの、「4で割ると1が余る素数」を対象にすると一般理論を作ることができず、個別に対応するほかありませんでした。そこに着目したのがルジャンドルで、ルジャンドルは「4で割ると3が余る素数」と「4で割ると1が余る素数」の間に橋を架け、前者に対するラグランジュの一般理論を後者に移そうとしました。その橋の名は**相互法則**です。

もう少し正確にいうと、ルジャンドルが提案した呼称は「二つの異なる奇素数の間の相互法則」で、論理的に見る限り、その実体は今日の平方剰余相互法則と同じです。それと、ルジャンドルの相互法則には二つの補充法則は附随していません。

相互法則という橋を架けるというアイデアには見るべきものがありますし、正しく定式化したのですが、証明ができなければすべてが無意味になってしまいます。ルジャンドルは一七八五年の論文「不定解析研究」で証明の方針をスケッチし、一七九八年の著作『数の理論のエッセイ』ではいっそう精密な証明を試みましたが、存在証明が必要な補助的素数を証明なしで使うなどという欠陥がありました。ガウスは『アリトメチカ研究』で相当の頁を使ってルジャンドルの証明を詳細に検討し、批判を加え、これによってルジャンドルの証明は証明として認められないことが明らかになりました。ルジャンドルはガウスの批判を受けたのちもなお証明の改良を続けたものの、なかなかうまくいきませんでした。

ガウスはガウスで平方剰余の理論を構築し、「平方剰余の理論における基本定理」の証明にも成功しました。それならルジャンドルの寄与は皆無になったのかというとそうとも言い切れません。ひとつには、ルジャンドルが提案した「相互法則」の一語は残りました。ルジャンドルのいう「二つの異なる奇素数の間の相互法則」とガウスのいう「平方剰余の理論における基本定理」のそれぞれから「相互法則」「平方剰余」というキーワードを抽出して組み合わせると、「平方剰余相互法則」という今日も流布している用語が得られます。

もうひとつは平方剰余相互法則の記述の仕方ですが、ここにはルジャンドルが提案した「ルジャンドル記号」（ｃｏｌｕｍｎ１参照）が今も使われています。ガウスは独自の記号を編み出して平方剰余相互法則を書きましたが、簡便さという点でルジャンドルの記号に劣り、今はもう使われていません。

「不定解析」を数論そのものと見るという視点、「数論」という言葉の提示、「相互法則」という言葉の提示、それに「ルジャンドル記号」の提案。これらの寄与とともに、ルジャンドルは今も数論の場で生きています。

第四章
類体論の最初の一歩

- ガウスは四次剰余の理論が展開されるのにもっとも相応しい場を求め、数論に複素整数（ガウス整数）を導入することを決意した。
- アーベルは有理数域に係数をもつ五次の代数的可解方程式の根の表示式を書き下した。クロネッカーはこれに示唆を得て「青春の夢」への道を開いた。
- 代数的整数論の泉。冪剰余相互法則の理論とアーベル方程式の構成問題が二本の柱となって、クロネッカーとデデキンの手で代数的整数論への道が開かれた。

『アリトメチカ研究』以後のガウスの数論

『アリトメチカ研究』を通じてオイラーとラグランジュの数論に関心が向うようになったのですが、実際に読み始めたのは少し後のことになります。『アリトメチカ研究』を読んで触発されたことは非常に多く、オイラーとラグランジュのほかにも、ルジャンドルやアイゼンシュタイン、ヤコビ、ディリクレ、クンマー、クロネッカーなどなど、連想はどこまでも広がるばかりでした。諸文献の集積を試みると果てもなく膨れ上がる一方ですし、読破するということはとうてい考えられず、これから十年、二十年と読み続けてもほんのひとかけらしかわからないだろうという思いにとらわれてしばしば茫然としたものでした。

ともあれこの大作『アリトメチカ研究』が未完成であることがわかり、しかももっとも感銘を受けたのはまさしくその一事でしたので、ガウスの数論はこれからどうなっていくのだろうと大いに気に掛り、ガウスの諸論文の解読に取り掛かり始めました。数論の領域でガウスが公表した論文は五つあります。相互法則に関係のあるものばかりで、すべてラテン語で書かれていますが、ラテン語が読めるようになる前にドイツ語訳をテキストにして読みました。『アリトメチカ研究』とは違ってこれらの論文には英訳と仏訳は見あたらず、存在しないのではないかと思います。

五篇の論文を公表された順に挙げると次のとおりです。はじめの三篇のテーマは平方剰余相互法則ですが、続く二篇のテーマは四次剰余相互法則です。

（一）「アリトメチカの一定理の新しい証明」

「ゲッチンゲン王立協会報告集」、第十六巻、一八〇八年。ガウス全集、第二巻、一～八頁（表紙つき）。本文は三～八頁。一八〇八年一月十五日、王立協会で報告。

この論文では平方剰余相互法則の初等的な証明が報告されました。ガウスはこれを第三番目の証明に数えています。第二証明を支える「二次形式の種の理論」のような不思議な理論に支えられているわけではなく、書かれているとおりに読み進めればさらさらと証明が完成します。初等整数論で「ガウスの記号」と呼ばれる記号に出会うのはこの論文です。

ガウスは平方剰余相互法則を八通りの仕方で証明しました。それらに順番を割り当てるのはそれほど容易ではなく、必ずしも確定しているわけでもありません。『アリトメチカ研究』に書かれている第一証明と第二証明については紛れる余地はありませんが、第三証明以降は「発見された順序」と「公表された順序」が食い違うことがあります。この順序付けの問題は公表されたガウスの《数学日記》や遺稿などを参照すると相当に細かく論証することができますが、煩雑な作業です。ガウスの書き物を大量に読まなければなりませんし、はっきりとわかるようになるまでにはずいぶん長い歳月を要しました。それでも順序付けの考察は数論におけるガウスの思索の足跡をたどるうえで、つねに明るい指針であり続けました。

(二)「ある種の特異な級数の和」

ゲッチンゲン王立学術協会新報告集、第一巻、一八一一年。一八〇八年八月二十四日、学術協会で報告。

「ある種の特異な級数」というのは今日の数論で「ガウスの和」と呼ばれている有限和のことで、その数値の決定を通じて平方剰余相互法則の証明を取り出そうとするところにガウスの創意がありました。『アリトメチカ研究』の第七章の円周等分方程式論の真のねらいがそこに認められます。『アリトメチカ研究』の段階ではガウスの和が提示され、絶対値の算出にも成功したものの、符号の決定にはいたりませんでした。その意味において第七章は未完成です。それを補ってガウスの和の符号決定の成功を告げたのが右記の一八一一年の論文で、これによってはじめて『アリトメチカ研究』の第七章の本当の意味が明らかになりました。

（三）「平方剰余の理論における基本定理の新しい証明と拡張」

ゲッチンゲン王立協会新報告集、第四巻、一八一八年。一八一七年二月十日、学術協会で報告。

ここでは平方剰余相互法則の二つの証明が報告されました。ガウス自身はそれぞれ第五証明、第六証明と呼んでいます。

（四）「四次剰余の理論　第一論文」

「ゲッチンゲン王立科学協会新報告集」、第六巻、一八二八年。一八二五年四月五日、学術協会で報告。

四次剰余相互法則の二つの補充法則が定式化され、証明もついています。

（五）「四次剰余の理論　第二論文」

「ゲッチンゲン王立科学協会新報告集」、第七巻、一八三二年。一八三一年四月十五日、ゲッチンゲン王立学術協会で報告。

四次剰余相互法則の本体が報告されましたが、証明はついていません。ガウス全集に収録されている大量の書きものの中で、ガウスの生前にガウスの手で公表された数論の論文はこの五篇ですべてです。

ガウスの言葉

ガウスの全集は全十二巻、十四冊という浩瀚《こうかん》な作品ですが、ガウスの生前に公表された著作や論文はそれほど多いとは言えず、公表にいたらなかった書き物が大量に収録されています。わずかではあってもよく熟したものだけを公表するというのがガウスのやり方で、そのためにガウスの論文は完成度が非常に高く、考察の足場は取り払われていると言われたりするのですが、この世評は必ずしも妥当ではありません。『アリトメチカ研究』をはじめ、ガウスの論文や著作には長短の序文が附されていて、考察の契機と過程が詳細に、しかも率直に綴られています。ときにはガウスの心情さえ伝わってくるほどですし、しかも序文ばかりでなく本文の随所に同様の記述がちりばめられています。

ガウスは書きものを通じて自分自身を語っています。このような傾向はひとりガウスばかりではなく、このような傾向はオイラー、ラグランジュ、アーベル、ヤコビ、ヴァイエルシュトラス、リーマン、クロネッカー、ディリクレ、クンマー、ヒルベルト、ポアンカレなど、数学の創造に携わった数学者たちに共通して観察されます。岡潔先生の諸論文もそのように書かれています。

ガウスの五篇の数論の論文から具体的な事例を拾ってみたいと思います。まず「アリトメチカの一定理の新しい証明」の序文から。

高等的アリトメチカの諸問題では、ある特異な現象がしばしば観察される。それは解析学ではごくまれにしか起らない現象であり、そのおかげで高等的アリトメチカの諸問題の魅力は著しく高まるのである。

もう少し詳しく言うと、解析学の研究の場では、一般的に見て、新しい真理が依拠して、そこにいたる道筋を開いてくれる諸原理が前もって完全に把握されたときにはじめて、新しい真理に到達することができる。それに対し、アリトメチカでは、帰納的考察の途中で、思いがけない偶然によりきわめて美しい新たな真理が唐突に出現するということが、非常にひんぱんに起るのである。

きわめて美しい新たな真理が唐突に出現することがあると、ガウスは言っています。これはガウス自身が満十七歳のときにみずから体験したことでもありました。

それらの真理の証明は深い場所に秘められ、闇に覆われていて、あらゆる試みをあざわらい、透徹した洞察力をもってする探究も手が届かない。そのうえアリトメチカのいろいろな真理には、一見するところ、きわめて異質のとりどりの性質が備わっているが、それらの間には非常に不思議なつながりが認められる。そのために、何かしらまったく別の事柄を探究しているとき、大いに待ち望まれていて、それ以前には長い期間にわたって熟考して探し求めても得られなかった証明に、本当に幸いなことに、期待していたものとはまったく異なる道を通ってついに到達するということもまれではないのである。

数論の真理の発見はたまたま起るもので、しかも証明して確かめようとするとたちまち深刻な困難に直面してしまうとガウスは言っています。本当は証明されないうちは正しいか否かわからないのですが、ガウスは発見した真理の正しさを疑いません。数論の真理は先天的にわかるものであり、証明は不要とまでは言わないまでも、ただの確認作業にすぎないと言いたいかのような言葉です。

数論の真理の各々はめいめい勝手に発見されるものですから、当初から相互関係などは期待されないはずであるにもかかわらず、全体として観察すると、意外な関係で結ばれていることが判明します。ひとつひとつの真理の姿も一様ではなく、いろいろな側面をもっていて、しかも真理と真理は不思議なつながりで結ばれているというのですから、真理の全体が生命をもって、さながら一個の有機体であるかのような印象が心に刻まれます。数論を見るガウスの目の働きが手に取るように伝わってきますが、このようなことはガウスの書き物を直接読まなければわかりようがありません。

ガウスの和の符号決定をめぐって

数論の真理の発見はさながら天啓のように訪れて、しかもそれが正しいことに疑いをはさむ余地がまったくありません。十七歳のガウスが「あるすばらしいアリトメチカの真理」、すなわち平方剰余相互法則の第一補充法則を発見したとき、ガウスを襲った心情がまさしくそのようなもので、ガウスは遭遇した真理のみごとなことに心を打たれ、ただ感嘆するばかりでした。平方剰余相互法則の本体と第二補充法則もまもなく発見され、証明にも成功しましたが、最初の証明は数学的帰納法によるもので、発見された法則はともあれ正しいことが確認されました。

数論の真理の証明というのは正しさの確認にとどまるのでは不十分で、その真理を支える根本原理というか、真理の存在根拠を明らかにするものでありたいところです。ガウスが長い年月にわたって平方剰余相互法則の幾通りもの証明の探索を続けた理由がそこにあり、そのような感受性そのものがガウスに固有のものなのでした。

次に引くのは「アリトメチカの一定理の新しい証明」の序文の続きです。

しかし、たいていい場合、このような真理はいく通りものはなはだ異なる道を通って到達することができるという性質のものであり、一番はじめに差し出される道が必ずしも最短というわけではない。それゆえ、もしこのような真理を長い間、実りのないままに探究を続け、その後にようやく、隠されていた回り道を通って証明した後についに、きわめて簡単で、しかもきわめて自然な道筋の所在を明らかにすることに成功したなら、そのことを高く評価しなければならないのである。

数論に寄せるガウスの心情が率直に語られていて、間然するところがありません。古典、すなわち一番はじめの人の言葉に耳を傾けることの意味がここにあります。平方剰余相互法則の証明をいくつも探索した理由も、ここにはっきりと述べられています。

第二の論文「ある種の特異級数の和」ではガウスの和の符号が決定されて、『アリトメチカ研究』で提示された問題、すなわちガウスの和の数値決定が完成し、そこから平方剰余相互法則の証明が取り出されます。後年の類体論の雛形と見るべき光景ですし、実に神秘的です。

ガウスの和の符号決定問題について、ガウスは「厳密でしかも完全な証明は通常ならざる困難に行く手をはばまれる」と正直に告白しています。それほどむずかしい問題とは思っていなかったようですが、この予測は完全に裏切られてしまいました。『アリトメチカ研究』で語られた諸原理から証明を取り出すことはあきらめざるをえず、まったく新しい手法を開発しなければならないことになりました。「その証明を長年にわたりさまざまな仕方で試みたが、むなしかった」と、ガウスはまたも正直に告白しています。
ガウスの言葉はガウスの和と平方剰余相互法則との関係にも及び、「この和と他のきわめて重要なアリトメチカの一定理との間に見られる親密で不思議な関係」と言っています。「アリトメチカの一定理」が平方剰余相互法則を指すことはいうまでもありませんが、ここでは「親密で不思議な関係」という一語の印象が一段と際立っています。ガウスの和と平方剰余相互法則の関係に気づいてしまったことに、ガウス自身が深く感動している様子がありありと伝わって、読む者の心もまた深い感動に包まれます。

簡明な姿形と困難な証明

ガウスの論文「平方剰余の理論における基本定理の新しい証明と拡張」は平方剰余相互法則を発見したころの回想から始まっています。

平方剰余に関する基本定理は高等的アリトメチカのもっとも美しい真理に所属するが、帰納的な道筋をたどって容易に見出だされた。だが、これを証明するのははるかに困難であった。この種の研究の際には、帰納的な道筋により、いわば自然に探究者に差し出される単純な真理の証明がきわめて深い場所に秘められていて、まずはじめに多くのむなしい試みがなされ、その後に、探し求められてきたものとはまったく違う方法で、最後になって明るみに出されるということがしばしば起るものである。

「平方剰余に関する基本定理」というのは今日の数論でいう平方剰余相互法則のことですが、ガウスによる呼称は「基本定理」です。数論の命題は簡明に表明されるものが多く、帰納的な推論で簡単に見つかったりします。ところが簡明な姿形とは裏腹に、容易に証明することのできない場面にしばしば遭遇するとガウスは率直に語り、具体例として平方剰余相互法則が挙げられました。

実際、ガウスが「あるすばらしいアリトメチカの真理」、すなわち平方剰余相互法則の第一補充法則を発見したのが一七九五年の年初。それからまもなく平方剰余相互法則の本体も発見されました。ここまでは大きな困難もなく、ガウスの言葉によれば「帰納的な道筋をたどって容易に見出だされた」のでしょう。ところが証明はむずかしく、たいへんな時間を要しました。ガウスの《数学日記》の第二項目の記事は「素数の平方剰余は自分自身以下のあらゆる数ではありえないことを、証明を通じて確認した」というもので、これだけでは意味をつかみにくいのですが、平方剰余相互法則の第一証明、すなわち数学的帰納法による証明の鍵がここで語られています。日付は一七九六年四月八日ですから、第一補充法則が発見された一七九五年の年初に立ち返ると、すでに一年を越える歳月が流れています。

数論の命題は簡明ではあるけれども証明はむずかしいという見方は今日でも広く共有されて

いるのではないかと思います。その根源にあるのは平方剰余相互法則の発見と証明にまつわるガウスの感慨で、ガウスに続く人びとの共鳴を誘いました。ガウスはここでもまた「一番はじめの人」でした。

ガウスの言葉を続けます。

さらに、ひとたびある方法が見出だされるや否や、その直後に、同じ目的地へと導いてくれる多くの経路が開かれてくるという事態もまたひんぱんに見られる。

……

ある経路はいっそう簡潔で、しかもいっそう直接的である。別の経路はといえば、いわば側面から、まったく異なる原理に由来する。そのような原理と当面の究明との間には、いかなる原理もほとんど予想されなかったのである。隠されている真理と真理の間に見られるこのような不思議な関係は、これらの真理の考察にあたり、ある種の特有の魅力を与えるが、それればかりではなく、それゆえにこそ熱心に研究して明らかにされてしかるべきである。なぜなら、そのようにすることにより、この学問に寄せる新たな補助手段と拡張がしばしば生じるからである。

はじめガウスは平方剰余相互法則を数学的帰納法で証明したのですが、その後に他の証明がいくつも見出だされました。表面に現れたのは平方剰余相互法則という一個の数学的現象ですが、どこかしら見えない場所にいくつもの隠された真理が存在し、顕在化した平方剰余相互法則と連繫しています。平方剰余相互法則は地上に生育している草花のようで、地下には何本もの根が伸びていて、何かしら数学的真理の名に値するものに達しているという感じです。地上の小さな草花に絶え間なく養分を送り続ける幾本もの根。ガウスは一七九五年の年初に、このような地上と地下の二つの世界に伸び広がる光景の一端に触れたのでした。

ガウスはガウス自身の体験をありのままに語っています。平方剰余相互法則の第一補充法則という断片をたまたま目にしただけで、一般に高次冪剰余の理論の世界の存在を感知したことになりそうで、その鋭敏な感受性こそ、ガウスの数学の力を宿す根源です。ガウスの言葉に直接耳を傾ければすべては一目瞭然であり、感慨を誘われますが、ガウスその人に学ばなければ決してわからないことでもあります。

三次剰余と四次剰余の理論

ガウスは平方剰余相互法則の八通りもの証明（高次冪剰余の理論に基づく証明が二つあります。別の証明で、ガウスは区別していますが、途中まで同じ道をたどって論証が進みますので本質は同じと見ることも可能です。それらを区別しないことにすると七通りになります）を発見しました。そこまで執着したのはなぜかという疑問に対して、ガウスは平方剰余相互法則のいろいろな証明を報告する諸論文のあちこちでみずから詳細に理由を語っています。それについてはこれまでのところで見たとおりですが、これに関連してもう少し紹介しておきたいことがあります。

まず、論文「ある種の特異な級数の和」を参照すると、ガウスはガウスの和の数値決定を根拠にした平方剰余相互法則の証明を書き記した後に、「後ほど、まったく異なる原理に基づく他の二つの証明を再度、説明する予定である」と言い添えています。この論文が学術誌『ゲッチンゲン王立学術協会新報告集』、第一巻に掲載されたのは一八一一年であり、内容は三年前の一八〇八年八月二十四日にゲッチンゲンの王立学術協会で報告されました。ここで予告された「他の二つの証明」は論文「平方剰余の理論における基本定理の新しい証明と拡張」において報告されました。この論文は一八一七年二月十日にゲッチンゲン王立学術協会で報告され、それから一八一八年の学術誌『ゲッチンゲン王立学術協会新報告集』、第四巻に掲載されました。掲載誌の刊行年を見ると、前論文から七年目のことになりますが、学術協会で報告された日付に着目すると、一八〇八年から一八一七年にいたるまで、九年の歳月が流れています。

そこでガウスは「平方剰余の理論における基本定理の新しい証明と拡張」の序文において、「すでに九年前に約束しておいた新しい証明を、今になってはじめて公表することにしたのには、別の理由もあった」と言い、三次剰余と四次剰余の理論を語りました。

一八〇五年に三次剰余および四次剰余の理論の研究を始めたとき、これははるかに困難なテーマなのだが、私はかつて平方剰余の理論において陥ったのとほとんど同じ運命に遭遇したのである。もう少し詳しく言うと、この問題を完全に処理し、平方剰余に関する諸定理との不思議な類似が偏在する諸定理は、適切な仕方で追い求めるや否や、帰納的な道筋により難なく見つかった。これに対し、それらの定理のあらゆる面から見て完全な証明に達しようとする試みは、長い間、ことごとくむなしかった。この事態が原動力になって、相異なる多くの方法のうちのどれかしらは、同じ仲間のテーマの吟味に寄与しうるのではないかという希望を抱きつつ、平方剰余に関する既知の証明になお別の証明を付け加えようとして、私は大いに骨を折ったのである。

ガウスのねらいは三次と四次の冪剰余の理論にあり、そこでもまた基本定理、すなわち相互法則を発見しようと望んだのですが、さまざまな定理は難なく見つかったものの証明するにはいたらないという、アリトメチカに特有の状況にまたしても直面しました。平方剰余相互法則のいろいろな証明を追い求めた理由が、ここにもまた現れています。ガウスはそれらの証明の中に、三次と四次の相互法則の証明にもそのまま適用できる原理に基づいているものを見つけたいと願ったのでした。

平方剰余相互法則のいろいろな証明を探索した理由はこれで二つになりました（本章「ガウ

スの和の符号決定をめぐって」参照)。ガウス自身の肉声が聞こえてくるという、古典読解の醍醐味をしみじみと味わうことができて、感慨もまたひとしおです。

平方剰余の理論との別れ

ガウスは論文「平方剰余の理論における基本定理の新しい証明と拡張」において平方剰余相互法則のいろいろな証明を追い求めるのはなぜかという問いにみずから答え、三次と四次の冪剰余の理論における諸定理の証明にも適用可能な証明を見つけるためという理由を語りました。三次と四次の冪剰余の諸定理の中でも中核に位置するのはやはり「基本定理」で、今日の語法では「三次の相互法則」「四次の相互法則」と呼ばれています。

ガウスの言葉を続けると、「この望みは決してはかなくはなかった」というのですから、証明の探索に成功したのであろうと思われます。実際、ガウスの全集を観察すると、数頁の草稿というか、メモというか、短い書き物が収録されていて、そこに四次剰余相互法則の証明が書き留められています。細部まで詳細に記述されているわけではありませんが、円周等分方程式論に基づいて遂行されています。ガウスは、「たゆまぬ研究はついに幸福な成功をもって飾られた」と宣言し、「近々、私は研究の成果を公表することができるであろう」と予告しています。実際にはこの予告は日の目を見ることはありませんでした。それでも上記の遺稿を見ると証明をもっていたことはまちがいなく、しかもその証明は平方剰余相互法則のいろいろな証明を追い求める作業の中から得られたと見てまちがいありません。

公表されなかった理由は不明ですが、ガウス自身、「この困難な仕事」などと言っているくらいですし、何かわけがあったのであろうと思われます。次に引くのは「平方剰余の理論における基本定理の新しい証明と拡張」の序文の末尾の言葉です。

この困難な仕事に着手する前に、再度平方剰余の理論に手をもどし、これ以上なお語るべき事柄を処理して、高等的アリトメチカのこの領域に、いわば別れを告げる決心をしたのである。

ここまでが序文で、続いて本文に移ります。本文は二分されていて、前半は「基本定理の第五証明」、後半は「基本定理の第六証明」と題されています。第五証明は初等的証明です。第六証明は円周等分方程式論に基づいていて、四次剰余の基本定理の証明はこのあたりの証明法の延長線上において得られたのでしょう。

数学における発見と創造

数論の方面でガウスが生前に公表した論文は、これまでに紹介した三篇のほかになお二篇あります。それは「四次剰余の理論」という同じ表題の論文の第一論文と第二論文で、続きものですので、実際には合わせて一篇の長大な論文です。第一論文は第一節から第二十三節までの二十三個の節に分かれ、第二論文は第二十四節から第七十六節まで、五十三個の節で構成されています。

第一論文は一八二五年四月五日にゲッチンゲン王立学術協会で報告されました。これによってガウスの四次剰余の理論の一端が公表され、『ゲッチンゲン王立学術協会新報告集』、第六巻に、全体を詳述した論文が掲載されました。刊行年は一八二八年です。三次剰余と四次剰余の理論の考察を始めたのは一八〇五年のことというのですから、一八二五年まで二十年、一八二八年に論文が出るまでに二十三年の歳月が流れています。

本格的に研究を始めたのは一八〇五年かもしれませんが、「あるすばらしいアリトメチカの真理」、すなわち平方剰余相互法則の第一補充法則を発見したのは一七九五年のはじめのことで、ガウスはその時点ですでに三次剰余と四次剰余の理論の存在を感知しています。そこまでさかのぼるのであれば、一七九五年から一八二五年まで三十年、一八二八年まで三十三年です。ガウスはこれだけの長期にわたって三次剰余と四次剰余の理論の思索を続け、ようやく四次剰余に関する一篇の論文が結実しました。そのような理論があるはずだと確信したからこそ、いつまでも追い求めることができたのでした。ここにおいて実に不思議でならないのは、ガウスが存在を確信したという、その確信の根拠です。何がガウスの確信を支えていたのでしょうか。

確信の由来を探索しても見つかりそうな気配はありません。まちがいないのはただひとつ、ガウスはそのように確信したという事実のみです。このあたりの消息を思うといつも神秘的な感慨に襲われるのですが、はたして存在するか否か、本当のことはだれもわからない数論の法則を、ひとりガウスのみ存在を確信し、だからこそ三十年を超える歳月にわたっていつまでも探し続けることができたのでした。この探索を支えたのは確信のみですから、もしかしたら存在しないものを存在すると誤って確信して追い求めていたのかもしれず、生涯に及ぶ苦心が水泡に帰す可能性もありえました。

ガウスはそれを押し切って本当に発見してしまったのですが、それならこの発見はガウスにしかなしえないことであり、ガウスの創造です。このような際立った事例がありますので、数学的発見は個人の営為であるという考えが説得力をもってきます。たとえガウスがいなかったとしても、いつかはだれかが四次剰余の相互法則を発見したであろうとはとうてい思えません。数学では発見もまた創造です。

数域の拡大に向う

「四次剰余の理論」の第一論文は平方剰余相互法則を語る言葉とともに説き起こされています。

平方剰余の理論は、高等的アリトメチカのとびきりみごとな宝物に数え入れるべき少数の基本定理に帰着されるが、それらの定理は、周知のように、まずはじめに帰納的な道筋を通ってたやすく発見され、それからいろいろな方法で証明されて、これ以上望まれることは何も残されていない。

平方剰余相互法則については十分に解明されつくしたという心情が表明されるとともに、一七九五年の年初以来三十年にわたって心にあり続けた平方剰余の理論に別れが告げられました。これに続いてガウスは三次剰余と四次剰余の理論に言及します。これらの理論は平方剰余の理論に比してはるかに高い壁に囲まれているというのです。

だが、三次と四次の剰余の理論ははるかに高い壁に囲まれている。われわれが一八〇五年に究明を開始したとき、さながら入り口のあたりに置いてあるかのようなあれこれの事柄のほかに、二、三の特別な定理もたしかにもたらされた。それらの定理はひとつには簡明さのために、またひとつには証明のむずかしさのために際立っている。

ここでもまた「一八〇五年」が明記されました。三次剰余の理論についてはまとまった論文は出ていませんが、ガウスの全集にいくつかの断片が収録されています。

だが、われわれはすぐに、これまでに用いられていたアリトメチカの諸原理は一般理論を確立するためには決して十分ではなく、高等的アリトメチカの領域をほとんど無限に拡大することが必然的に要請されるという一事を認識するにいたった。これをどのような意味合いにおいて諒解するべきなのかということは、この研究のこれからの流れの中で一点の曇りもなく明らかにされるであろう。

「高等的アリトメチカの領域をほとんど無限に拡大する」という言葉が目を引きますが、これは数論の場を複素数域に広げるということを意味しています。平方剰余の理論の場合にもそうだったように、ガウス以前には、数論という場合の「数」というのは正負の自然数、すなわち有理整数を指すのが通常の姿でした。フェルマもオイラーもラグランジュもみなそうでしたし、ガウスも途中までは、言い換えると、数域の拡大の必然性を自覚するまでは、有理整数の範囲でいろいろな命題を見つけていました。もっとも、ときおり有理分数が顔を出すことはあります。

ところが有理整数の範囲にとどまっていたのでは四次剰余の一般理論は確立されず、どうしても複素数の数論を展開する必要があるというのがガウスの所見です。第二論文に移り、第三十節を見ると、われわれはすでに一八〇五年にこのテーマについて熟考を開始したが、それからすぐに、前に第一条で示唆しておいたように、一般理論の真実の泉の探索は、アリトメチカの領域を拡大して、その中で行わなければならないという確信に到達した。

という、数域の拡大に寄せて強固な確信を表明するガウスの宣言に出会います。この簡明な宣言はそのまま今日の代数的整数論の泉になりました。

ガウスの決意――複素整数（ガウス整数）の導入

「これまでに究明されてきた諸問題では、高等的アリトメチカは実整数のみを取り扱ってきた」とガウスの言葉が続きます。アリトメチカというのは「数の理論」のことで、その場合、数というのは自然数のことと諒解するのが古代ギリシア以来の伝統でした。ガウスはそれを継承しているのですから、ガウスの数論の対象は依然として自然数であり、そこに便宜上「負の自然数」を加えることにより数域は整数に拡大されました。ところが四次剰余に関する諸定理は、アリトメチカの領域を虚の量にまで広げるときにはじめて「際立った簡明さと真正の美しさをもって明るい光を放つのである」というのがガウスの所見です。

虚の量というのは今日の語法でいう複素数のことで、実部および虚部と呼ばれる二つの実数が伴っています。ガウスが新に開こうとしている数論の場は複素数域全体ではなく、実部と虚部がともに実整数という特別の形の複素数の作る数域で、ガウスはこれを**複素整数**と呼びました。今日の語法ではガウスの名を冠して**ガウス整数**という呼称が定着しています。四次剰余の理論はガウス整数域において考察してはじめて、「際立った簡明さと真正の美しさをもって明るい光を放つ」というのがガウスの所見です。このような自覚的認識こそ、ガウスの天才の発露です。数論に寄せる認識が深まって数域の拡大の決意表明が実現したのですが、容易に口にすることのできる決意ではなく、ここにいたるまでにはガウスといえども長期に及ぶ思索の積み重ねを強いられました。平方剰余相互法則の第一補充法則の発見とは様子が異なるとはいえ、数域の拡大が不可欠であるという認識もまた数学的発見の名に値するのではないかと思います。

「虚数は存在するか」という問いが気に掛かることがときおりありますが、この問いを立てて正面から考察しようと試みると、たいていの場合、大きな混乱におちいります。存在するようでもあり、存在しないようでもありますし、考えたくない気持ちになることもあれば、存在の有無を気にすることもなく平然と使用することもあります。複素関数論の創始者と言われるコーシーなどは虚数は形式的な「式」と思っていたようで、複素数の加減乗除の計算規則を列記するばかりです。

それであらためて考えてみたいのは、「虚数は存在するか」という問いを数学的諸現象から観念的に切り離して天下りに問うのは無意味なのではないかということです。重要なのは、数学という学問そのものにとって虚数はどのような役割を果すのかという視点です。これを言い換えると、虚数の存在を支えるのは虚数の実在感であるということで、実在感を感知するのはひとりひとりの数学者です。ライプニッツ、ヨハン・ベルヌーイ、オイラー、ガウスなどは虚数に対して強い実在感をもっていました。アーベルとヤコビ、リーマンとヴァイエルシュトラスも同じで、総じてガウスの影響下にある人たちは虚数の実在を確信していたように思います。確信していたというのですから、それはめいめいの感情であり、普遍性はありません。これらの人たちとは反対に、確信しないどころか、コーシーのようにただの形式と見ていた人もいました。虚数はあると思っているのか、ないと思っているのか、よくわからない人もいます。

虚数の存在の有無を問う問いは実りを望めませんが、虚数に寄せる実在感はどこから生じるのかという問いは、数学という学問を考えるうえで重い意味を担っています。ひとりひとりについて詳しく観察していく必要があります。たとえばライプニッツとヨハン・ベルヌーイの場合には有理関数の積分の計算の探究が契機になり、虚数の対数とは何かというテーマをめぐって長い論争が続きました。結局、決着をみないまま放置されてしまい、後年、オイラーがこの問題に着目して、虚数の対数の無限多価性を明らかにするという経緯をたどりました。この三人に共通しているのは虚数の対数の実在をまったく疑っていないことで、その正体をつかもうとすることが論点になったのでした。

ガウスの場合には四次剰余相互法則の探索が決定的な契機になりました。若い日に平方剰余相互法則を発見し、証明にも成功したガウスは、同時に高次冪剰余相互法則の存在を確信しました。この「確信した」というのが肝心なところで、その確信こそ、ガウスの数論の泉です。その後のガウスの足取りを観察すると、ガウスは三次と四次の相互法則の探索に向かい、四次の相互法則の発見にたどりつき、「四次剰余の理論」という題目の二篇の論文を書いて報告しました。この二論文にはガウスの思索の足取りがありありと描かれています。ガウスははじめ有理整数域において探索を続け、断片的な法則をいくつも見つけました。それでも満足することができなかったようで、最後に「ガウスの整数」と呼ばれる複素数の導入を決意するにいたりました。整数と整数の間に認められる相互関係に着目しているのですから、有理整数の世界において探索を続けるのは当然のことと思われるところですが、ガウスは数域の拡大に踏み切り、ガウス整数域において四次相互法則を発見することができました。

虚数にはたしかに魔法の力が備わっています。その力は複素対数の正体の探究の際にも「対数の無限多価性」という形で現れましたし、ガウスの数論の場において出現したのは魔力というほかに形容しがたい何ものかでした。ガウスはみずから進んでこのような現場に立ち会ったのですから、虚数の存在を問う問いなどは、ガウスにとって何の意味ももちえないのではないかと思います。

四次剰余の理論の基本定理

「四次剰余の理論」の第二論文において、ガウスは「あるきわめてエレガントな定理」を書き留めました（ｃｏｌｕｍｎ15参照）。それは平方剰余の理論における相互法則と類似の定理で、今日の数論では「四次の冪剰余の相互法則」「四次相互法則」などと呼ばれていますが、ガウス自身は「四次剰余の理論の基本定理」と呼んでいます。ガウスは平方剰余相互法則も「平方剰余の理論の基本定理」と呼んでいました。

ガウスは証明をもっていたと思われますし、実際に遺稿の中に証明のスケッチと見られる文書が存在するのですが、「四次剰余の理論」の第二論文では証明を書きませんでした。その理由について、ガウス本人はこう言っています。

　だが、この定理のきわめて大きな単純さにもかかわらず、その証明は高等的アリトメチカの深い場所に隠された神秘と見なければならない。この証明は、少なくとも状勢がどのようになっているのかという点についてでは、繊細をきわめた研究によりはじめて解き明かすことができるが、そうするとこの論文の限界をはるかに越えてしまう。そこでわれわれは、この証明の公表ならびにこの定理と、この論文の冒頭で帰納的考察を通じて確立するべく着手した諸定理との関係の解明を、第三番目の論文まで留保することにする。

予告された第三論文はついに出現しませんでした。若い日に心に描いた理想が未完成に終るのは「一番はじめの人」の宿命ですし、このあたりは岡先生の場合とよく似ています。ガウス

● column15 ● 四次剰余の理論の基本定理

ガウスの論文「四次剰余の理論」の第二論文より

> $a+bi, a'+b'i$ は、それらの随伴数のうちプライマリーであるもの、すなわち法 $2+2i$ に関して 1 と合同になる素数を表すとしよう。このとき、もし二つの数 $a+bi, a'+b'i$ の両方、もしくは少なくとも一方が第一種に属するなら、すなわち法 4 に関して 1 と合同なら、数 $a+bi$ の法 $a'+b'i$ に関する四次指標は、数 $a'+b'i$ の法 $a+bi$ に関する指標と一致する。これに対し、もし二つの数 $a+bi, a'+b'i$ がいずれも第一種に属さないなら、すなわち両方とも法 4 に関して $3+2i$ と合同なら、一方の数の他方の法に関する指標は 2 だけ相違する。

随伴数やプライマリーなど、いろいろな言葉を説明しておかないと命題の意味合いがわかりませんが、二つのガウス素数が比較されて、一方の他方に関する四次指標という概念がいわば物差しのような位置を占めて相互関係が記述されている様子は伝わってきます。

は継承者に恵まれました。ディリクレ、デデキント、クンマーなどと続く人びとの手で代数的整数論の構築がめざされて、類体論にいたる道が整備されていきました。

代数的整数論の泉

岡潔先生は多変数関数論研究の場で高次元の複素数空間内の特殊な形の領域を考える際に、領域の形状の複雑さを緩和するために、その領域をいっそう高次元の空間内に移すというアイデア（「上空移行の原理」と呼ばれています）を得て困難を乗り越えました。次元が高くなると困難が増すような気がするものですが、実はそうではなく、非常に平明な状況が開かれます。そういうところがガウスの場合ととてもよく似ています。岡先生は案外ガウスの影響を受けているのかもしれません。

あくまでも有理整数の範囲に留まって冪剰余相互法則を探索することにしても、それはそれでいろいろな事実に遭遇します。現にガウスは「四次剰余の理論」の第一論文でそんな消息を伝えていますし、ソフィー・ジェルマンに宛てた手紙にもそれらのいくつかが書き留められています。その手紙の日付は一八〇七年四月三十日ですが、四月三十日といえばガウスの誕生日で、この日、ガウスは満三十歳になりました。

いろいろな事実は見つかるものの、ガウスはどうも気に入らなかった模様です。ガウスが欲していたのは「一般理論の真実の泉」にたどりつくことで、その泉は有理数の範囲には見あたらず、拡大された数域においてはじめて見つかるというのが、長い歳月にわたって思索を重ねて得られたガウスの確信でした。具体的に言うと、n次の冪剰余の理論にふさわしい数域は1のn乗根により生成される数域であるというもので、今日の数論の言葉ではn次の円分体と呼ばれています。nが2の場合には平方剰余の理論を考察することになりますが、1の平方根は$+1$と-1で、どちらもすでに有理数域に所属していますから、この場合には数域の拡大は不要です。

nが3の場合に考察の対象になるのは三次剰余の理論であり、この場合には1の三乗根の

●column16● 数域の拡大を語るガウスの言葉

ガウスのいう複素整数（ガウス整数）というのは、実部 a と虚部 b が実整数であるような複素数 $a+bi$ のことです。ここで、i は虚量 $\sqrt{-1}$ を表しています。複素整数は四次剰余の理論を展開する場を開こうとするガウスの決意に支えられて導入されました。ガウスは「このように定められた領域は四次剰余の理論のために特に適切であることに留意するとよい」と言い添えていますが、四次剰余以外の次数の冪剰余の理論のためにはそれぞれに相応しい複素数を導入する必要があります。たとえば三次剰余の理論について、ガウスは、

> 三次剰余の理論は $a+bh$ という形の数の考察を基礎にして、その土台の上に建てなければならない。ここで、h は方程式 $h^3-1=0$ の虚根、たとえば $h=-\frac{1}{2}+\sqrt{\frac{3}{4}}\cdot i$ である。

と指摘しています。ここに現れる複素数 h の形は複雑そうに見えますが、原始三乗根、すなわち三乗してはじめて1に等しくなるという性質を備えています。

他の次数の冪剰余の理論の場合にはどうかというと、ガウスは「いっそう高次の冪剰余の理論では他の虚量の導入が要請される」と註記しています。どのような形の複素数が必要となるのか、明記されているわけではありませんが、三次と四次の冪剰余の理論の場合との類比をたどると、次数nの冪剰余の理論の場合に要請されるのは1の原始 n 乗根であろうと推定されます。ガウスはそのように示唆しているのですが、これを受けて一般の円分体において相互法則を探究したのがクンマーです。

複素数 $i=\sqrt{-1}$ は虚数でありながら、しかも「整数」の名に相応しい数として認識されています。三次剰余の理論において導入されるべき複素数 $h=-\frac{1}{2}+\sqrt{\frac{3}{4}}\cdot i$ もまた「整数」の名に値すると考えられています。これらはいずれも**代数的整数**というものの一般概念の雛形もしくは原型です。

Cui rei quum inde ab anno 1805 meditationes nostras dicare coepissemus, mox certiores facti sumus, fontem genuinum theoriae generalis in campo arithmeticae promoto quaerendum esse, vti iam in art. 1 addigitauimus.

Quemadmodum scilicet arithmetica sublimior in quaestionibus hactenus pertractatis inter solos numeros integros reales versatur, ita theoremata circa residua biquadratica tunc tantum in summa simplicitate ac genuina venustate resplendent, quando campus arithmeticae ad quantitates *imaginarias* extenditur, ita vt absque restrictione ipsius obiectum constituant numeri formae $a+bi$, denotantibus i, pro more quantitatem imaginariam $\sqrt{-1}$, atque a, b indefinite omnes numeros reales integros inter $-\infty$ et $+\infty$. Tales numeros vocabimus *numeros integros complexos*, ita quidem, vt reales complexis non opponantur, sed tamquam species sub his contineri censeantur.

ガウス「４次剰余の理論第２論文」より．ゲッチンゲン王立学術協会新報告集，第7巻（1832年）に掲載された．上から２行目から３行目にかけて“fontem genuinum theoriae generalis”（一般理論の真実の泉）と記され，上から８行目から９行目にかけて“campus arithmeticae ad quantitates imaginarias extenditur”（アリトメチカの領域を虚の量にまで広げる）という言葉が見える．４次剰余の一般理論の真実の泉は拡大された数域において探索してはじめて見出だされると宣言された．拡大された数域とは $a+bi$（a, b は有理整数．$i=\sqrt{-1}$ は虚数単位）という形の複素数の作る複素数域である．ガウスはこのような複素数を“numeros integros”（複素整数，下から3行目）と呼んだ．今日の呼称は「ガウス整数」．

うち１以外のもの、すなわち原始三乗根を投じて有理数域を拡大します。nが４の場合は四次剰余の理論ですから１の原始四乗根を有理数域に投じることになり、前述のとおりです。一般のnの場合には「他の虚量の導入が要請される」とガウスは言っています（ｃｏｌｕｍｎ16参照）。具体的なことは何も語られていませんが、ガウスの念頭に１のn乗根があったことに疑いをはさむ余地はありません。後年、クンマーがガウスの企図を洞察し、任意次数の円周等分方程式論を構築して高次冪剰余相互法則の発見に向けて大きく前進しました。クンマーの試みはもう一歩で完成にいたらなかったのですが、これによりガウスの見通しが強固な現実味を帯びたのはまちがいのないところです。

アーベル方程式の構成問題

代数的整数論は数論に複素数を導入するというガウスの決意とともに歩みを運び始めましたが、十九世紀の終り掛けにハインリッヒ・ウェーバーとヒルベルトにより類体論のアイデアが提示されて、新たな局面を迎えました。この理論は高木貞治先生の手にわたって完成の域に達し、高木先生は「相対アーベル数体の理論」（一九二〇年）という百三十三頁にもなる大きな論文を書いて全容を叙述しました。その際、理論形成の鍵をにぎるのは「アーベル体は類体である」という発見でした。相互法則の探究から生れた代数的整数論に、アーベルの名を冠する「相対アーベル数体」という概念が出現するのはなぜなのでしょうか。代数的整数論の形成史を考えていく中で、この素朴な問いはいつも念頭を離れませんでした。

この問いに関連して即座に想起されるのはクロネッカーです。クロネッカーは一八八〇年三月十五日付でデデキントに宛てて手紙を書き、そこで「私の最愛の青春の夢」を語りました。クロネッカーの言葉をそのまま訳出すると、クロネッカーの最愛の青春の夢というのは「有理数の平方根を伴うアーベル方程式は特異モジュールをもつ楕円関数の変換方程式で汲み尽くされる」という命題を証明することで、ここでも「アーベル方程式」が語られています。クロネ

Auszug aus einem Briefe von L. Kronecker an R. Dedekind.

(Vorgelegt von Hrn. Frobenius.)

Berlin 15. März 1880.

Meinen besten Dank für Ihre freundlichen Zeilen vom 12. c.! Ich glaube darin einen willkommenen Anlass finden zu sollen, Ihnen mitzutheilen, dass ich heute die letzte von vielen Schwierigkeiten besiegt zu haben glaube, die dem Abschlusse einer Untersuchung, mit der ich mich in den letzten Monaten wieder eingehender beschäftigt habe, noch entgegenstanden. Es handelt sich um meinen liebsten Jugendtraum, nämlich um den Nachweis, dass die Abelschen Gleichungen mit Quadratwurzeln rationaler Zahlen durch die Transformations-Gleichungen elliptischer Functionen mit singulären Moduln grade so erschöpft werden, wie die ganzzahligen Abelschen Gleichungen durch die Kreistheilungsgleichungen. Dieser Nachweis ist mir, wie ich glaube,

クロネッカーの青春の夢．1880年3月15日付のクロネッカーのデデキント宛書簡より．プロイセン王立科学アカデミー議事報告，1895年，115頁．下から５行目から６行目にかけて“meinen liebsten Jugendtraum”（私の最愛の青春の夢）という言葉が見える．

ッカーのいう「私の最愛の青春の夢」は**クロネッカーの青春の夢**と呼ばれるようになりましたが、高木先生の類体論の力により解決されました。

相対アーベル数体の概念を支えているのはアーベルが発見したアーベル方程式の一般概念であり、多種多様な代数方程式の世界の中でアーベル方程式が特別に深い意味合いを帯びているような印象があるのは、そこにクロネッカーの青春の夢が虹の橋となって架けられているからです。クロネッカーは早くから**アーベル方程式の構成問題**を考えていたのですが、一八五三年の論文「代数的に解ける方程式について」においてはじめて表明されました。青春の夢の文言に見られるように、アーベル方程式の係数域を特定の数域に限定するところに独自の創意がきらめいています。そこでクロネッカーに示唆を与えたものは何かという問題が浮上します。前記のクロネッカーの論文の序文にクロネッカー自身が書き留めているように、それはアーベルが書き残したごく簡単な覚書でした。

一八二六年三月十四日、アーベルはパリに向う途次、滞在先のフライベルクからベルリンのクレルレに宛てて手紙を書きました。そこに数学に関する記事があり、その部分が抜粋されて『クレルレの数学誌』の第五巻（一八三〇年）に掲載されました（ｃｏｌｕｍｎ17参照）。アーベルはこの時点ですでに一般の五次方程式の代数的可解性を否定する「不可能の証明」に成功していましたが、アーベルの代数方程式論はそれで終結したのではなく、「不可能の証明」はむしろ新たな歩みを進めるための出発点でした。一般の五次方程式を代数的に解くのは不可能としても、代数的に解ける五次方程式もまた存在します。そこで両者を分かつ境目を見極めることが課題になりますが、そのためにはどうしたらよいのでしょうか。

この新たな問いに対し、アーベルは「代数的に解ける方程式の根を表示する代数的な式の形状」をことごとくみな決定しようとする方針を立てました。このあたりがガロアの行き方とはまったく異なっているところです。もしそのような形状の決定に成功したなら、少なくとも理論的に見る限り、任意に与えられた方程式の代数的可解性の判定が可能になります。なぜなら、与えられた方程式がそのような表示式を満たすか否かを確認すればよいことになるからです。

● column17 ● アーベル方程式の構成問題のはじまり アーベルの手紙より

アーベルはフランス語で手紙を書きましたが、『クレルレの数学誌』、第5巻への掲載にあたり、クレルレがドイツ語に翻訳しました。1839年、ホルンボエが編纂したアーベルの全集が刊行されたとき、そこに収録されたのはアーベルが書いたフランス語の原文でした。次に挙げる訳文はフランス語の原文から作成しました。

もし有理数を係数とする5次方程式が代数的に解けるなら、その根に次のような形を与えることができる。

$$x = c + A\cdot a^{\frac{1}{5}}\cdot a_1^{\frac{2}{5}}\cdot a_2^{\frac{4}{5}}\cdot a_3^{\frac{3}{5}} + A_1\cdot a_1^{\frac{1}{5}}\cdot a_2^{\frac{2}{5}}\cdot a_3^{\frac{4}{5}}\cdot a^{\frac{3}{5}} + A_2\cdot a_2^{\frac{1}{5}}\cdot a_3^{\frac{2}{5}}\cdot a^{\frac{4}{5}}\cdot a_1^{\frac{3}{5}} + A_3\cdot a_3^{\frac{1}{5}}\cdot a^{\frac{2}{5}}\cdot a_1^{\frac{4}{5}}\cdot a_2^{\frac{3}{5}}$$

ここで、

$$a = m + n\sqrt{1+e^2} + \sqrt{h\left(1+e^2+\sqrt{1+e^2}\right)}$$
$$a_1 = m - n\sqrt{1+e^2} + \sqrt{h\left(1+e^2-\sqrt{1+e^2}\right)}$$
$$a_2 = m + n\sqrt{1+e^2} - \sqrt{h\left(1+e^2+\sqrt{1+e^2}\right)}$$
$$a_3 = m - n\sqrt{1+e^2} - \sqrt{h\left(1+e^2-\sqrt{1+e^2}\right)}$$
$$A = K + K'a + K''a_2 + K'''aa_2,$$
$$A_1 = K + K'a_1 + K''a_3 + K'''a_1a_3,$$
$$A_2 = K + K'a_2 + K''a + K'''aa_2,$$
$$A_3 = K + K'a_3 + K''a_1 + K'''a_1a_3,$$

量 $c, h, e, m, n, K, K', K'', K'''$ は**有理数**である。

だが、a と b が任意の量である限り、方程式 $x^5 + ax + b = 0$ はこのようには解けない。私は7次、11次、13次等々の方程式に対しても同様の定理を発見した。

アーベルが書き留めた小さなメモはこの基本方針に沿っています。これに加えてもうひとつ、係数に**有理数**という限定がさりげなく、ただしわずかに強調されて課されている点が注目に値します。クロネッカーが目を留めたのはここのところです。

一般の代数的可解方程式ではなくアーベル方程式を取り上げて、係数域を限定することと、代数的可解方程式の根の代数的表示式を決定することというアーベルのアイデアを継承すると、「ある指定された係数域をもつアーベル方程式の構成」という、若い日のクロネッカーが抱いた青春の夢が生れます。係数域の定め方に応じてさまざまな夢が考えられますが、デデキント宛の手紙では「一番好きな夢」が語られました。

アーベルのメモを見たからといってだれもがクロネッカーと同じ夢を夢見るわけではありませんし、数学のアイデアはどこまで個人的な営為であることを、ここであらためて強調しておきたいと思います。岡潔先生が創造したハルトークスの逆問題、ガウスが存在を感知した高次冪剰余の基本定理、アーベルが発見したアーベル積分の加法定理、ヤコビがアーベルの加法定理から取り出したヤコビの逆問題など、みなクロネッカーの青春の夢と同じ数学の夢の仲間です。

第五章 微積分の泉

- デカルト、フェルマからライプニッツ、ベルヌーイ兄弟にいたる初期微積分の実体は曲線の理論である。極大極小問題と求積法も曲線の理論の範疇で諒解され、解決された。
- 関数は「曲線の解析的源泉」である。オイラーは曲線の根底にあって曲線を統御するものを求めて思索を重ね、三種類の関数概念をほぼ同時期に提案した。
- 曲線の理論から微分方程式論へ。オイラーは関数概念を踏み台として逆接線法から微分方程式論へと飛躍し、今日の解析学の基礎を構築した。

関数概念の提示

西欧近代の数学は古代ギリシアから「曲線への関心」を継承し、クザーヌスの神秘的な思想を媒介として接線法の発見に成功しました（クザーヌスについては後述します）。しかも接線法が発見されたのと同時に逆接線法と求積法も獲得されました。これらはみなデカルトからライプニッツ、ベルヌーイ兄弟にいたるまで、五十年ほどの間に生起した出来事です。実際、デカルトの著作『方法序説』が刊行されたのは一六三七年。この序説に附随する三つの試論のひとつが『幾何学』でした。ライプニッツの微分法と積分法の論文が公表されたのはそれぞれ一六八四年と一六八六年で、この二論文により「曲線の理論」は完成の域に達しました。ただし、これだけではまだ今日の微積分にはなりません。

微積分の形成史は三層から成るというのは三十年の昔からの持論です。ライプニッツとベルヌーイ兄弟の手で完成した「曲線の理論」を第一層として、オイラーとラグランジュによる第二層、コーシーが方向を示した第三層と続きます。第三層はそのまま今日の微積分の世界です。どの層も重厚ですので、微積分の全史を叙述するのは実にたいへんな作業です。

4. Functio quantitatis variabilis, eſt expreſſio analytica quomodocunque compoſita ex illa quantitate variabili, & numeris ſeu quantitatibus conſtantibus.

オイラー『無限解析序説』（全２巻，1748年），第１巻より．第４条に，関数とは“expressio analytica”（解析的表示式）のことであるという，関数の定義が記されている．

今日の微積分を観察すると、もっとも基本的な対象が関数であることはまちがいありません。関数の微分可能性と関数の積分の可能性を考察の中心に据えて、関数の諸性質を探究していく道をたどりますが、次々と出会う素朴な疑問の数々の中でもとりわけ不可解なのは、そもそも「関数とは何か」という疑問でした。微積分のテキストを読み進めていくにつれて関数の性質が書き並べられていく様子を観察し、さて何をめざしているのだろうとあらためて考えると、どの段階で展望してもまったく判然としないのがいかにも不審でした。関数を微分するのは何のためなのでしょうか。関数を積分するのは何のためなのでしょうか。そもそもなぜ関数を考えるのでしょうか。

このような疑問に絶え間なく直面するために、関数の出所来歴が気に掛かるようになりました。回顧すると、西欧近代の数学史の流れの中で関数の概念がはじめて公に語られたのは一七四八年のことで、この年にオイラーの著作『無限解析序説』（全二巻）が刊行されています。第一巻のテーマは関数で、第一章には実に「関数に関する一般的な事柄」という章題が附せられています。まずはじめに関数の定義が提示され、以下、第一巻の全体を通じて関数の諸性質の探求が続きます。そのような構成の仕方に着目する限り、今日の微積分と変るところはありません。ただし、この巻にはまだ微分も積分

8. Quanquam complures lineæ curvæ per motum puncti continuum mechanice deſcribi poſſunt, quo pacto tota linea curva ſimul oculis offertur, tamen hanc linearum curvarum ex Functionibus originem hic potiſſimum contemplabimur, tanquam magis analyticam latiuſque patentem, atque ad calculum magis accommodatam.

オイラー『無限解析序説』（全２巻，1748年），第２巻より．関数が「曲線の解析的源泉」として認識された．３行目に linearum curvarum（曲線の），4行目に originem（源泉），５行目に analyticam（解析的な）という言葉が見える．

も出てきません。

第一巻の巻頭の第一章で提示される関数は**解析的表示式**と言われるもので、変化量と定量を用いて組み立てられる式を指してオイラーがそのように呼んでいます。式というものの定義が書かれているわけではないため、今日の目には茫漠とした印象が刻まれがちのようで、数学史の書物にはよくオイラーの曖昧さが指摘されています。オイラーはそのようなことには頓着せず、解析的表示式という関数概念を土台にして、円に由来する超越量（今日の微積分における三角関数に相当します）、指数量（指数関数に相当します）、対数量（対数関数に相当します）の諸性質の究明が次々と行われます。

第一巻を見るだけでは、関数を導入する理由がすっかり明らかになったとは言えませんが、円に由来する諸量、指数量、対数量のような、オイラーに先行する時代からすでに知られていたいろいろな量を、関数という単一の概念のもとに組織的、統一的に観察したいという心情はよく伝わってきますから、「何のために」という疑問の一端に答えていると思います。

第二巻のテーマは解析幾何学で、具体的に繰り広げられているのは曲線の理論です（附録がついていて、そこでは曲面論が叙述されています）。第一章の章題は「曲線に関する一般的な事柄」というのですが、この章題は真に注目に値します。オイラーは曲線の**解析的源泉**ということを口にして、ではその源泉とは何かというと、それが関数です。曲線に先立って関数の概念を立て、関数のグラフとして描かれる図形として曲線を認識するというアイデアが表明されていて、それなら今日の微積分と同じです。

オイラーによる曲線の定義と今日の微積分のテキストに見られる曲線の定義を比較してみたいという誘惑にかられますが、ここではひとまず「関数の言葉で曲線を規定する」というアイデアがオイラーに由来することを指摘するだけに留めたいと思います。ここでもう少し立ち入って観察したいのは、『無限解析序説』の第一巻と第二巻の関係です。全二巻の全体を通じてオイラーが明らかにしたかったことは何かということを考えてみると、この書物に沿って読み進める限り、オイラーのねらいは「曲線を理解すること」にあったと言えるのではないかと思います。曲線とは何かという問いを立て、曲線の根底に関数の概念を見て、「曲線は関数のグラフである」という解答を発見し、その思索の経緯を報告したのが『無限解析序説』です。

曲線の根底にあるもの

今日の微積分にも曲線の理論は存在し、曲線を関数のグラフと見るところはオイラーの『無限解析序説』と同じですが、両者を比較すると似ていないところも目立ちます。今日の微積分では、微分法を応用して曲線の凹凸を調べてきれいに概形図を描いたり、接線を引いたり、曲率を求めたりします。積分法の応用では、曲線の弧長や曲線で囲まれた図形の面積を算出したりします。いずれにしても今日の微積分のテーマはどこまでも関数の諸性質の探究であり、曲線の理論は応用に所属する事例のひとつにすぎません。関数が主、曲線が従。これに対し、『無限解析序説』のテーマは曲線の理論であり、そのための準備として関数の理論が展開されています。曲線が主、関数が従。完全に主客が入れ替わっています。

曲線の理解のために関数概念が提案されたのはまちがいありません。そうすると今度は「曲線とは何か」という問題が発生します。今日の数学の流儀に沿うなら、何らかの仕方で関数が定義され、そのグラフを曲線と呼ぶと定めた以上、それで曲線の概念は確定するのですから「曲線とは何か」という疑問は生まれる余地はありません。ところがオイラーは何もないところにいきなり関数を持ち出したのではなく、オイラーの眼前にはすでにいろいろな種類の曲線がありました。曲線の定義はなくても曲線は存在したのでした。存在は定義に先行し、定義は存在を描写する言葉の衣裳です。古典を読み進めていくにつれて、次第にこの間の事情が諒解されるようになりました。

これは別段、不思議なことではなく、おおまかに回想しても、円や円錐曲線（楕円、双曲線、放物線）、ニコメデスのコンコイド、ディオクレスのシソイド、ヒッピアスの円積線、アルキメデスの螺旋《らせん》などが次々と思い出されます。これらは古代ギリシアの数学的世界から西欧近代

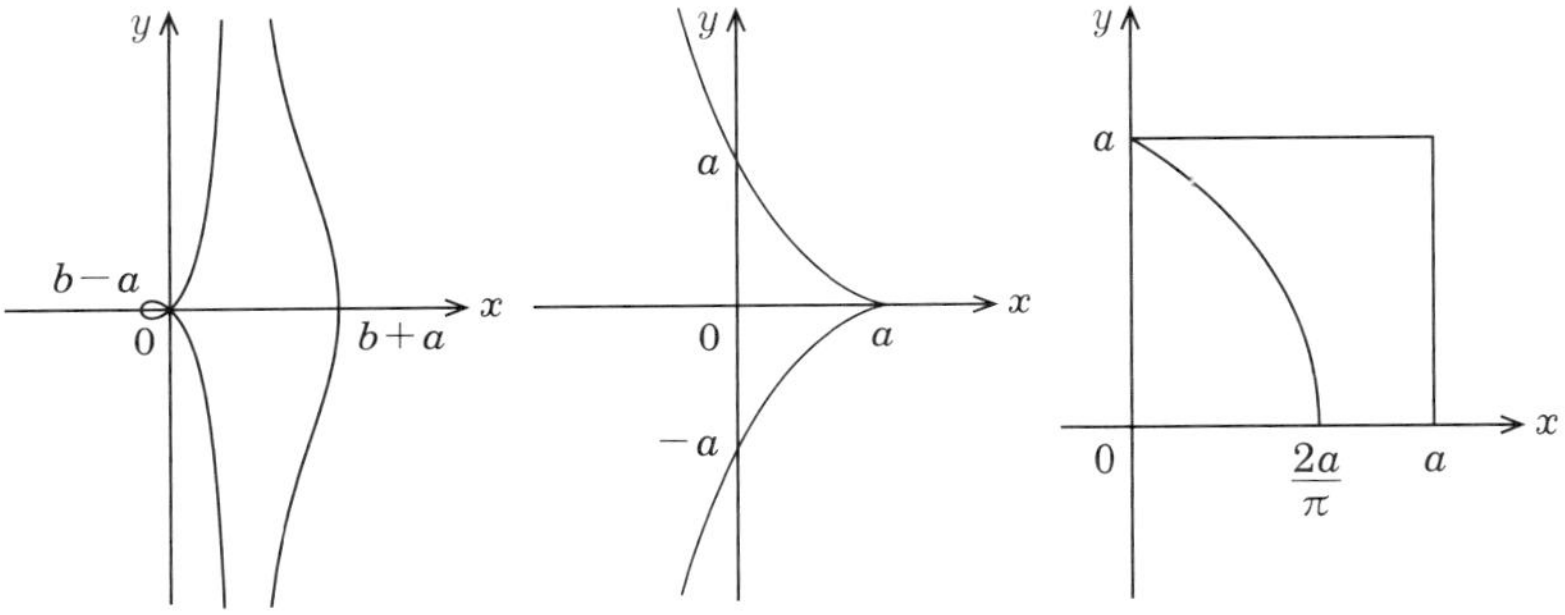

三つの曲線，左よりニコメデスのコンコイド（$a > b$の場合），ディオクレスのシソイド，ヒッピアスの円積線．

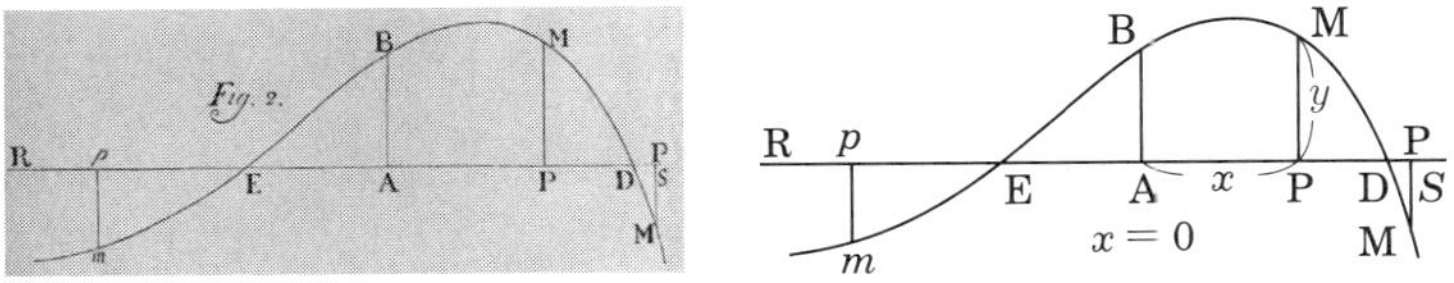

オイラー『無限解析序説』（全2巻，1748年），第2巻より．関数の描く曲線．

に伝えられた曲線です。西欧の数学ではサイクロイドがよく知られています。ほかにもデカルトの名を冠する「デカルトの葉」（column22、一九六頁参照）やヤコブ・ベルヌーイの名とともに語られる螺旋やレムニスケート、またアステロイド、カーディオイド、それに正弦曲線、余弦曲線、指数曲線（対数曲線）など、今日の微積分のテキストにも多彩な曲線が登場します。これらの曲線はオイラーの関数概念以前にすでに知られていたものばかりです。それらをみな「関数のグラフ」として統一的な視点から把握しようとしたところにオイラーの創意があり、オイラーには何かしらそうしなければならない理由がありました。それは何かという問いが、こうして発生します。

曲線は関数以前にすでに存在したという事実が、関数概念の意味を考えていくうえで重い役割を担っています。オイラーは曲線を二種類に分けました。ひとつは**代数曲線**、もうひとつは**超越曲線**です。この区分けに応じて、各々の曲線の源泉となる関数のほうも**代数関数**と**超越関数**に二分されます。オイラーは代数曲線は代数関数のグラフ、超越曲線は超越関数のグラフとして把握することを望んだのですが、このアイデアの実現をめざそうとするとたちまちさまざまな困難に遭遇し、なかなかうまく運びません。

概念の定義から始めるという構えを取るところは今日の数学と同じですが、オイラーの流儀には今日の数学に遍在する抽象性は感じられません。数学という学問を考えていくうえで、このあたりがひとつの要点になると思われます。オイラーの場合には定義に先立って数学的対象があらかじめ存在しています。代数曲線を代数関数のグラフとして認識しようとする意図が先にあり、その実現をめざして代数関数の定義を思案するというふうに、オイラーの思索は進みます。

定義に先行する数学的対象の所在地はどこなのかというと、オイラーの心情のカンバスです。それが見えるのはオイラーの目だけですから、普遍性はありません。存在するともしないとも、確かなことは実は何もなく、ひとりオイラーは強固な実在感を抱いていて、そこから関数の概念が生まれました。

具象が詰まった抽象と純粋な抽象

関数とは何かと問われて「解析的表示式」という定義をもって応じ、いくつかの例を挙げたとしても、解析的表示式というものそれ自体の定義が欠如していれば、今日ではその定義は厳密ではないという批判を免れません。オイラーの解析的表示式は絶えずそのような批判を受けてきました。ではありますが、オイラーの関数はオイラーの実在感に支えられて存在しているのですから、厳密さを欠くという批判はオイラーの心には響かなかったであろうと思います。

抽象性と具象性という観点から見ると、オイラーのいう解析的表示式は十分に抽象的です。オイラーによると、定量とは、「一貫して同一の値を保持し続けるという性質をもつ、明確に定められた量」のことであり、変化量とは、「一般にあらゆる定値をその中に包摂している不確定量、言い換えると、普遍的な性格を備えている量」のことです。このような概念からしてすでに抽象の度合いは非常に高いにもかかわらず、オイラーの語る関数概念の抽象的な文言には抽象性がまったく感じられません。オイラーの抽象には具象がいっぱいに詰まっているからです。しかもその具象の具象性の実体は、関数というものに寄せるオイラー個人の実在感にほかなりません。そこで、そのオイラーの実在感に共鳴し、曲線の根底にあるものを探索しようとしているオイラーの試みに共感することができたなら、そのときオイラーとともに同一の関数概念が共有されて、関数の抽象的概念がたちまち具象性を帯びてきます。

このあたりは重要な論点ですので、もう少し附言してみたいと思います。今日の数学の流儀ではすべては定義から始まりますから、定義がなされないうちは何ものも存在しません。関数は集合から集合への対応で、しかも一価性条件が課されます。一価対応がすなわち関数であり、何の前提もなしにそのように言葉が述べられたとき、その瞬間に関数が生れます。なぜそのように定義するのかというような、定義された概念の意味やねらいは何も語られず、純粋に言葉だけが存在するのですからきわめて簡明、簡素、明瞭で曖昧さは皆無です。この関数の抽象性には中味がなく、いわば「純粋な抽象」です。この場合、関数がわかるということの実体は関数の定義を覚えるということにつきますから、簡単にわかりながら、しかもわかったような気がしないという、不可解な心情におちいりがちです。共鳴の対象が存在しないためにそうなるのではないかと思います。

代数的表示式と代数関数

曲線の根底に関数の姿が見えたとして、それに言葉を与えることができれば関数の概念が定まります。オイラーの苦心はそこにありました。曲線の定義はなくても曲線は存在します。関数の概念はなくてもオイラーの心の目には関数の姿がありありと見えたのでしょう。

いくつかの定量と一個の変化量に対して代数的演算、すなわち加減乗除の四則演算と「冪根を作る」という演算を合わせた五つの演算を適用して組み立てられる式を**代数的表示式**と呼ぶことにします。解析的表示式を関数と呼ぶというオイラーの流儀によれば、代数的表示式をさして代数関数と呼ぶのがよさそうに思います。そこで、もし代数方程式がいつでも代数的に解けるのであれば、代数曲線は代数関数のグラフとして描かれることになり、代数曲線と代数関数の間にきれいな対応が確立されます。

『無限解析序説』の第一巻の叙述を見ると、オイラーはこれを確信していたのではないかと思われますが、そのためには一般の代数方程式の代数的可解性を確認しなければなりません。代数方程式論において代数的可解性の確定が重要な問題として認識される基本的な契機がここに現れています。もっともオイラーのように曲線の世界を関数概念により制御しようとするアイデアがなくても、代数方程式の代数的解法はオイラー以前のデカルトの時代からすでに基本問題でした。実際、代数方程式を代数的に解くことができて、根を表示する代数的表示式が手に入るなら、根の取り得る値を精密に算出することが可能になりそうです。デカルトに先立って、タルタリア、シピオーネ・デル・フェッロ、フェラリのような十六世紀のイタリアの数学者たちの手で、三次と四次の代数方程式の解法が確立されたことも、この試みに希望をもたらしたであろうと思います。

代数方程式の解法を試みた人は非常に多く、デカルト、ベズー、チルンハウスなどの名が念頭に浮かびますが、オイラー自身もこの系譜に連なっています。後に、アーベルの「不可能の証明」が現れて、次数が4を越えると、一般の代数方程式の代数的解法は不可能であることが明らかにされました。その結果、代数関数は代数的表示式の範疇にはおさまらないことになりましたので、「代数関数とは何か」という問題は振り出しにもどったのですが、この問題それ自体は生き続けました。アーベルの後にリーマンが出て、「閉じたリーマン面上の本質的特異点をもたない解析関数」を指して代数関数と呼ぶというアイデアが提案されました。リーマンの考え方は今も継承されています。

オイラーが解析的表示式をもって関数の定義にしようとした心情はこのようなものでした。曲線を関数のグラフとして把握しようとするところに真意があり、このアイデアを具体化しようとして関数概念の表明に腐心し、解析的表示式という名に相応しい何ものかが提案されました。その肝心の解析的表示式そのものに定義がないという事態は、今日の目には厳密さの欠如と映じるのかもしれませんが、オイラーの関心事は自分のアイデアの成否にありました。もし代数的表示式が代数関数のすべてを尽くしているのであれば、オイラーは代数的表示式を明示して、それを代数関数の定義にしたにちがいありません。

オイラーは新しいアイデアの具体化の途上にあったのであり、その姿を見て厳密さの欠如を指摘するのは正しい評価とは言えないのではないでしょうか。

代数曲線と超越曲線

オイラーにとって代数方程式の代数的解法を確立することがきわめて重要な問題になった事

情は既述のとおりです。ここには数学の問題が発生する理由の典型が現れています。十六世紀のイタリアの数学者たちが三次と四次の代数方程式を解こうとしたことには、特に深い理由はなさそうですが、それなら引き続き五次、六次と、高次方程式の解法の探究に自然に向うのかというと、そのようにはなりません。形式的に問題を作るのではやはりだめで、オイラーのように明確なアイデアをもって数学に立ち向うとき、そのときはじめて行く手をはばむ高い壁が出現し、それを乗り越えていこうとするところに数学の問題が発生します。ところが、壁を作ったのはほかならぬオイラーのアイデアなのですから、自分の心がみずから作り出した壁に自分自身がさえぎられていることになります。これを要するに「数学の問題は人が作る」ということになります。自分が作った問題に行く手をはばまれて自分でかってに行き詰まっているのであり、だからこそいつまでも行き詰まって考え続けていることができるとも言えそうです。

関数を大きく代数関数と超越関数に分けるのはなぜかというと、曲線の世界が代数曲線と超越曲線に区分けされているからです。代数曲線を代数関数のグラフとして把握したいのと同様に、超越曲線は超越関数のグラフとして把握したいというのがオイラーの数学的意図ですが、超越曲線というものの正体が不明瞭なだけに、超越関数の姿もまたなかなか明確になりません。超越曲線というのは代数的ではない曲線というほどのことで、具体的な事例を挙げると、正弦曲線や余弦曲線、対数曲線（指数曲線）、各種の螺旋、サイクロイドなどはみな超越曲線です。ほかにもいろいろな例が目に留まりますが、具体例をどれほど書き並べても、それだけでは超越曲線の一般概念を把握するにはいたりません。

超越曲線とは非代数的曲線のこととのみ理解するのであれば、それに対応して、超越関数もまた代数的ではない関数とのみ言うほかはありません。オイラーはいろいろな例を挙げていますが、$\sin x, \cos x, \tan x, e^x, \log x$ などを解析的表示式の仲間に入れてこれらを関数と呼ぶことにすれば、既知の超越曲線はたいてい超越関数のグラフとして認識されます。それでも関数の一般概念はもとより、代数関数についても超越関数についても、今日のいわゆる厳密な定義は表明されていないのですから、その点を指摘して、オイラーは厳密ではないと批判する余地は確かにあります。ではありますが、オイラーには「曲線を関数のグラフとして認識する」というアイデアがあり、このアイデアを具体化しようとして関数の概念を模索しているのですから、オイラーにとってこの批判は意味をなしません。

オイラーは一七五〇年ころ、解析的表示式のほかになお二つの関数概念を語りました（column18参照）。解析的表示式を第一の関数として、「変化量 x の変化に応じて変化する変化量 y」というものを想定すれば、y もまた x の関数の名に値します。この関数概念はオイラーの著作『微分計算教程』（全一巻、一七五五年）の序文に書かれています。そこでこれを第二の関数と呼ぶことにします。変化量 x が実際には変化しなくても、「変化量 x の取る各々の値に対応して変化量 y の値が定まる」という状況が認められたなら、この場合にも y は x の関数でありえます。この y をも x の関数と呼ぶというアイデアは「弦の振動について」（一七五〇

● column18 ● 代数関数の概念を語るもっとも素朴な言葉

平面上に描かれた代数曲線というのは、$f(x, y)$ は x と y の多項式として、代数方程式

$$f(x, y) = 0$$

によって表される図形のことです。これを関数のグラフと見るというのであれば、y を x の関数と見るか、あるいは x を y の関数と見るか、いずれかの立場をとることになります。どちらでも同じことになりますが、たとえば前者の立場に立つとき、y を x の関数と見るためにはどのような関数概念を提案すればよいのでしょうか。

もしあらゆる代数方程式がつねに代数的に解けるのであれば、y は x と $f(x, y)$ の係数に対して、加減乗除の四則演算と「冪根を作る」という演算を組み合わせて適用することにより表示されます。それはもっとも素朴な形の代数関数であり、その表示式のイメージが、オイラーのいう「一個の変化量といくつかの定量を組み合わせて作られる解析的表示式」というものの原型になったのではないかと思います。このイメージを念頭に置いて、一般的な視点から概念規定を試みると、x は変化量、$f(x, y)$ の係数は定量と呼ばれるものに昇華します。

年）という論文において表明されました。これが第三の関数です。

オイラーが関数概念を提示したこと、それは解析的表示式（第一の関数）であったことはしばしば語られますが、なお二つの関数を提案していたことは原典を読んで始めて知りました。必ずしも広く知られているとは言えないのではないかと思います。

関数概念はもともと微分計算の対象ですから、何らかの意味において x の関数 y が提示されたとき、y の

微分dyを計算する手順、言い換えると微分計算の道筋を具体的に示す必要があります。第一の関数、すなわち解析的表示式であれば、具体的に式が与えられるのに応じて、そのつど工夫して相当に多彩な関数に対して計算法を明示することができますが、第二の関数や第三の関数に対して微分計算を遂行するには特別のアイデアが要請されます。この要請に応じることが、オイラーに続く人びとの課題になりました。最初の試みはラグランジュ、次にコーシーと続き、コーシーが提案した流儀が継承されて今日にいたっています。

岡潔先生は一九四五年（昭和二十年）十二月二十七日の研究ノートに「定義が次第に変って行くのは、それが研究の姿である」という言葉を書き残しましたが、多彩な数学的状況を前にして関数概念を表明する文言を模索するオイラーの姿には、二百年ののちの岡先生の言葉がぴったりあてはまります。

デカルトの『幾何学』を読む

今日の微積分に相当する数学はオイラーが関数概念を提案する前にもすでに存在し、第一番目の古層を形作っています。その内実は「曲線の理論」であり、淵源を求めるとデカルトの著作『方法序説』にたどりつきます。半世紀になろうとする昔、はじめて岩波文庫の『方法序説』（訳 落合太郎、一九五三年）をひもといたときは書かれていることがさっぱり理解できず、おもしろいともおもしろくないとも特別の感想は何もありませんでした。最近になって再読を試みたところ、わかりそうなところが大幅に増えていましたので、われながら驚きました。

『方法序説』は序論と本論に分かれて編成されています。序論ではデカルトが発見した新しい学問の方法が語られていて、通常はこの部分だけが取り分けられて、特に『方法序説』と呼ばれています。この方法を具体的な学問に適用したのが本論で、デカルトは屈折光学、気象学、それに幾何学という三つの学問を取り上げました。このうち幾何学を論じた部分が数学に該当し、「デカルトの解析幾何学」が語られているのですが、これもまた「読んでもわからないだろう」という印象に支配されてずいぶん長い間座右に置かれたままでした。ところが『方法序説』といっしょに目を通してみると、なぜかしら案外支障なく読み進めることができました。

いったいわかるとかわからないとかいうのはどのような状況を指してそのように言うのだろうと再考してみると、デカルトには数学において何事かをなそうとする強固な意図があったのですから、その心情を理解し、共鳴することができたときに、もう少し正確に言うと、共鳴することができたと思えたとき、そのときはじめて「わかった」という心情へと誘われるのではないでしょうか。自分ひとりが「わかる」のではなく、「デカルトといっしょにわかる」という感じです。

このようなわかり方はライプニッツやオイラーの場合にも同様です。二人とも平然と無限小量ということを口にしますが、無限小量という、日常の論理を超越する何物かがわかるというのはどのようなことかというと、無限小量そのものを多少とも合理的に説明することではなく、無限小量、すなわちどのような量よりもなお小さい量という不思議な量を考える事態に立ちいたったライプニッツの心情に共鳴するということにほかなりません。関数がわかるというのは関数の定義に適合する具体例のいくつかを見て納得したりすることではなく、関数を提案することを要請されたオイラーの心情に共鳴することにほかなりません。数学の勉強を重ねているうちに、だんだんとそのように考えるようになりました。

デカルトは大昔のギリシアの人パップスが編纂したと伝えられる『数学集録』という書物を読み、古代ギリシアの作図問題を観察し、未解決のまま放置されていた一系の問題を知りました。それらを代数の力を借りて解こうとした試みの軌跡が『幾何学』の基幹線を形成しています。再読して深い感銘を受けたことが二つあります。ひとつはデカルトが千数百年もの時空を越えて古い数学書に向き合い、継承しようとしているという事実です。『幾何学』を読むということは、古代ギリシアの数学が西欧近代の土壌に移されつつある現場に立ち会うことにほかなりません。では、デカルトはどうしてこのようなことができたのでしょうか。考えるほどにいかにも不思議です。

それからもうひとつ、代数の力を借りるというアイデアも驚嘆に値します。代数の歴史も細かく見ればいろいろなことを言わなければなりませんが、デカルト以前の段階で特筆に値するのは十六世紀のイタリアで三次と四次の代数方程式の解法が発見されたことでした。デカルトはこのわずかな事実に励まされて前進する勇気を与えられたのであろうと思われますが、それもまた実に大胆な行為です。あるやなしやというほどのささやかな事実に秘められている大氷塊を見ることのできる不思議な能力をもつ人が、西欧近代の数学史にはときおり出現します。デカルトはまさしくそのような人びとのひとりでした。

古代ギリシアの三大作図問題といろいろな曲線

西欧近代の数学は古代ギリシアの数学の単純な復興もしくは延長ではなく、ギリシアには見られなかった固有の特質が認められ、まったく別の数学になりました。担い手が異なる以上、創造される学問の姿もまた異なるのは当然のことですし、継承と創造という両面から観察しなければならないと思いますが、創造の方面に際立った傾向が見られないようでは歴史を語るべき対象にはなりません。そこで西欧近代の数学の成立ということを考えていくと、初期の大事件は何といっても微積分の創造で、これによって新たな数学の形成に向けて大きな一歩が運ばれました。出発点に位置するのはデカルトの『幾何学』であり、この小さな書物に顕著に現れているのは曲線に寄せる異様に強い関心と、「曲線に接線を引きたいと思う心」です。微積分はこの心から生まれました。

曲線への関心は古代ギリシアにも見られましたから、「関心があった」という点に着目するならば、西欧近代の数学にはたしかにギリシアの数学の継承という性格が認められます。ただし、肝心なのは「曲線への関心の根底にあるもの」は何かということで、そこは大きく異なっています。ギリシアの数学では曲線の種類はごくわずかでした。直線も曲線の仲間に入れることにすると、直線と円、ニコメデスのコンコイド、ディオクレスのシソイド、アルキメデスの螺旋、それに円錐曲線（楕円と双曲線と放物線）くらいしか思い浮かびません。そのうえギリシアには、接線という観念があったことは確かではあるものの、「接線を引きたい」という強い心はありませんでした。実際、コンコイドやシソイドや螺旋に接線を引く方法が発見されたのは十七世紀になってからで、しかもその発見の道筋は微積分の形成史と軌を一にしています。

それならギリシアではどうして曲線に関心を寄せたのかといえば、ギリシアにはギリシアに特有の関心事がありました。ユークリッドの『原論』にも多くの作図問題が見られますし、正三角形や正五角形の作図も示されていますが、ギリシアの数学の作図問題をもっともよく象徴しているのは、「三大作図問題」と言われる問題、すなわち

一　一般角の三等分の問題

二　立方体倍積問題（与えられた立方体の二倍の体積をもつ立方体を作る問題）

三　円積問題（与えられた円と面積の等しい正方形を作る問題）

という三つの問題であろうと思います。定規とコンパスだけを用いてこれらの問題を解くのは不可能ですが、ギリシアの数学者たちは別段、定規とコンパスのみということにこだわってい

たわけでもない模様です。実際、角の三等分はディオクレスのシソイドをつかえば解決できますし、立方体倍積問題はニコメデスのコンコイドの発見により解決されました。円積問題は円積曲線を用いて解けますし、アルキメデスの螺旋を用いても解けます（アルキメデスは螺線の接線を利用した模様です。接線が活用される珍しい事例です）。そもそもこれらの曲線が導入されたのは、三大問題の解決のためだったと見てさしつかえありません。

「曲線に関心を寄せる」というところは同じでも、古代ギリシアの数学に現れた作図問題への関心はデカルトには見られませんし、逆に古代ギリシアには接線を引こうとする強固な心は感知されません。このようなところを見ると、西欧近代の数学は古代ギリシアの数学の単純な継承とは言えず、むしろまったく異質のもうひとつの数学と見るべきなのではないかと思います。

接線を引きたいと思う心

古代ギリシアの数学者たちの関心は作図問題にあり、さまざまな作図問題の解決の探索の中からいろいろな曲線が提案されました。関心の焦点はあくまでも作図問題にあったのですから、曲線それ自体の性質を探るという方向には進みませんでした。これに対し西欧近代の数学では曲線そのものへの関心が際立ち、接線を引こうとする熱情にとりつかれたかのような趨勢を示しました。このあたりの対比がおもしろいところで、ギリシアの数学と西欧近代の数学の相違が際立っています。「接線を引きたいと思う心」から出発してライプニッツにいたる道筋を叙述することができれば、それがそのまま微積分の形成史になるのですから、微積分の本質ということをいうのであれば、本質は「接線を引きたいという心」に宿っていて、理解できるか否かは、そのような心情との共鳴が発生するか否かという一点にかかっています。数学を理解するというのはそのようなことであろうと思います。

ひるがえって考えると、古代ギリシアの数学者たちがあれほどまでに作図問題に心を惹かれたのはなぜでしょうか。また、デカルトやフェルマなど、西欧近代の数学の担い手たちが、曲線に接線を引きたいという思いにあれほどまでにとりつかれたのはなぜでしょうか。このように問いを立てるともう答えることはできず、ただ「彼らはそうだった」と、事実の観察にとどめるほかはありません。数学の神秘感はこのあたりの消息に根ざしています。

「接線を引きたいと思う心」に共鳴し、その泉から流れ出る思索の流れを追っていけばおのずと微積分形成史が叙述されますが、その際、接線法の成否を左右する根本的な観念があります。曲線に接線を引きたいと思っても、そもそも曲線とは何か、接線とは何か、という問いに対して何かしら明確な答えを持ち合わせていなければ、数学的思索は働きようがありません。この問いも古代ギリシアには存在しませんでした。ところが、十五世紀のドイツの神秘主義者にニコラウス・クザーヌスという人がいて、「円は多角形である」などという不思議なことを語りました。正確な言葉を引用したいところですが、それはひとまず措き、クザーヌスの思想に追随するならば円は多角形として認識されます。多角形ならどのようなものか明白に感知されますから、「そもそも多角形とは何か」と根源的な問いを問わなくてもよさそうです。ところがクザーヌスのいわゆる「円は多角形」という場合の多角形の辺には長さがありません。長さのない辺が連なって円が形成されるというのですから、辺の個数もまた有限ではありえません。すなわち、円は「無限に小さい辺が無限に連なって作られる多角形」です。クザーヌスは十五世紀の人で、ライプニッツにも大きな影響を及ぼしました。

数学におけるクザーヌスの思想の影響は曲線の認識の様式において現れました。曲線に接線を引くといっても、曲線と接線をどのように認識するのか、その視点が確定していなければなすすべはありません。ユークリッドの『原論』では円の接線が語られています。円のような単純な形の図形なら「円とは何か」とわざわざ問わなくても明晰判明に認識できますし、接線は直径に垂直な線にほかならないのですから、認識上の困難はありません。ですが、「円とその接線」から「曲線とその接線」に移行するのはたいへんなことで、両者の間には無限の距離がありまます。古代ギリシアには円錐曲線や螺旋の接線が登場する場面もありますが、具体例をいくつか並べても無限の距離は縮まりません。無限の距離を超えるには、「円は多角形である」というクザーヌスの言葉のような超越的な（神秘的な、とも言えそうです）認識が必要になり、クザーヌスを媒介にして、「曲線は折れ線である」という認識が、西欧近代の数学の形成者たちに共有されるようになっていきました。

曲線を折れ線とみなしても、折れ線を構成するひとつひとつの線分の長さは無限小です。曲線上の点は折れ線のひとつに所属することになりますから、その折れ線を無限大に延長すれば、それがその点における接線です。その接線を捕捉する具体的な計算法が発見されたなら、微分法が成立したことになります。デカルト、フェルマを経て、最終的にこれを遂行したのがライプニッツでした。

古代ギリシアと西欧近代の数学の間にクザーヌスがいて、新たな創造が生れました。西欧近代の数学の接線法は「継承と創造」における「創造」の見事な事例です。

幾何学的曲線とは何か

数学という学問を成り立たせているのはひとりひとりの人のアイデアであり、そのアイデアは何事かを知りたいという心から生れることを、関数と曲線をめぐるオイラーの思索の姿はありありと物語っていました。オイラーが曲線を知るために関数の定義を試みたように、数学における定義は知りたいことを知ろうとする思索の試みなのですから、重要なのは定義の文言そのものではなく、定義の表明を要請された人の心です。その際、認識の対象は定義に先行して実はすでに存在しているということも重要なポイントです。存在するものを認識しようとして定義が生れるのであり、何ものも存在しない場所に唐突に言葉が語られて、それによって何かが生れるということはありえません。

認識の対象は明瞭に感知されていることもあれば、新たに発見されることもあります。後者の場合の事例を思うと、なんだか考古学みたいな感じがします。曲線を例にとって、この間の消息をもう少し具体的に語ってみたいと思います。

曲線が存在するのに定義が不可欠というわけではなく、定義になくても曲線はいわば先天的に存在します。古代ギリシアの数学を回想すると、定規があれば直線を引くことができますし、コンパスを使えば円を描くことができます。円錐を平面で切れば、切り方に応じて、切り口に放物線、楕円、双曲線という三種類の曲線が現れます。これらは円錐曲線と総称されています。ニコメデスのコンコイド、ディオクレスのシソイド、アルキメデスの螺旋、ヒッピアスの円積線はよく知られていて、それぞれ指定された描き方にしたがって精密に描くことができます。西欧近代の数学でもっとも有名な曲線はサイクロイドであろうと思いますが、サイクロイドは直線上に円を置いて転がせば描かれます。ここに挙げたいろいろな曲線を描くのに曲線の定義は不要です。

曲線の定義はなくとも個別の曲線は存在するとはいうものの、何かしら特別の理由が生じて曲線の一般概念が必要になることがあります。たとえば、デカルトの『幾何学』にはデカルトが直面した「特別の理由」が詳細に語られています。

おおよそのところを回想すると、古代ギリシアの数学でいろいろな曲線が考案されたのはなぜかというと、作図問題を解くためでした。主眼は作図問題に注がれていて、曲線は作図問題を解くための手法として考えられたのですから、「曲線とは何か」というような形而上的な問題は出る幕がありません。三大作図問題と総称される三つの問題、すなわち、円の方形化、角の三等分、立方体の倍積の問題もそのようにして解決されたのですが、「三線・四線の軌跡問題」（column19参照）のように、解けなかった問題もあります。この問題も作図問題の一種で、一定の条件を課して、その条件を満たす点の軌跡はどのような曲線になるかということが問われています。三線・四線の軌跡問題の場合は、答は円錐曲線になるだろうと予想するところまでは追い詰めることができましたが、正確に確認するにはいたりませんでした。このようなことがパップスの著作と伝えられる『数学集録』に記されていて、西欧の十七世紀になってデカルトがこの書物を読んだところから微積分の歴史が流れ始めました。

デカルトには独自の解析幾何学のアイデアがあり、それに基づいて三線・四線の軌跡問題を解くことができました。答は円錐曲線になり、パップスの書物で予想されていたことがやすやすと確認されました。デカルトはさらに歩を進めて、五線、六線以下、一般に n 線の軌跡問題さえ考えようとしました。曲線とは何かという問いが大きな問題になるのはこの場面においてです。なぜなら、n 線問題の答はどのような曲線になるのか、形状も描き方もまったくわからないからです。

古代ギリシアの数学で提案された問題に関心を寄せ、解けなかった問題を解くだけに留まらず、さらにその先に開かれていく問題を考えようとするところに、西欧近代の数学の特質が現

●column19● 3線・4線の軌跡問題

デカルトの『幾何学』の記述に沿って3線と4線の軌跡問題を紹介します。平面上に3本の直線を引き、同じ平面上の点からそれらの直線のおのおのに向って、直線を一定の与えられた角度をもって直線と出会うまでのばしていきます。これで3本の線分が得られますが、そのうちの2本の線分に囲まれた長方形の面積が、残る1本の線分を辺とする正方形の面積に対して、あらかじめ指定された比をもつとします。このような状勢のもとで点が描く軌跡はどのような曲線になるだろうかと問うのが「3線の軌跡問題」です。

前もって平面上に引かれた直線を1本増やして4本にすると、同じ平面上の点からおのおのの直線に向って一定の与えられた角度をもって引いて得られる線分は4本になります。そのうち2本の線分に囲まれた長方形の面積が、残る2本の線分に囲まれた長方形の面積に対して、あらかじめ与えられた比をもつとします。このような状勢のもとで点が描く軌跡はどのような曲線になるだろうかと問うのが「4線の軌跡問題」です。

デカルトはパップスの『数学集録』を見てこれらの問題を知った模様です。古代ギリシアでは、どちらの問題も答は円錐曲線になるだろうと予想するところまで進みましたが、証明にはいたりませんでした。デカルトはそこに「曲線を方程式で表す」という代数学の手法を適用して証明に成功し、さらに歩を進めて一般に「n線の軌跡問題」を考えようとしました。平面上に引かれた直線が何本であっても、指定された条件に束縛されて変動する点の軌跡を表す方程式が書き下されますが、今度はその方程式のみを手掛かりにして曲線の概形を描かなければなりません。その鍵をにぎるのは接線法です。ここにおいて接線法の確立が大きな課題として浮上してきます。

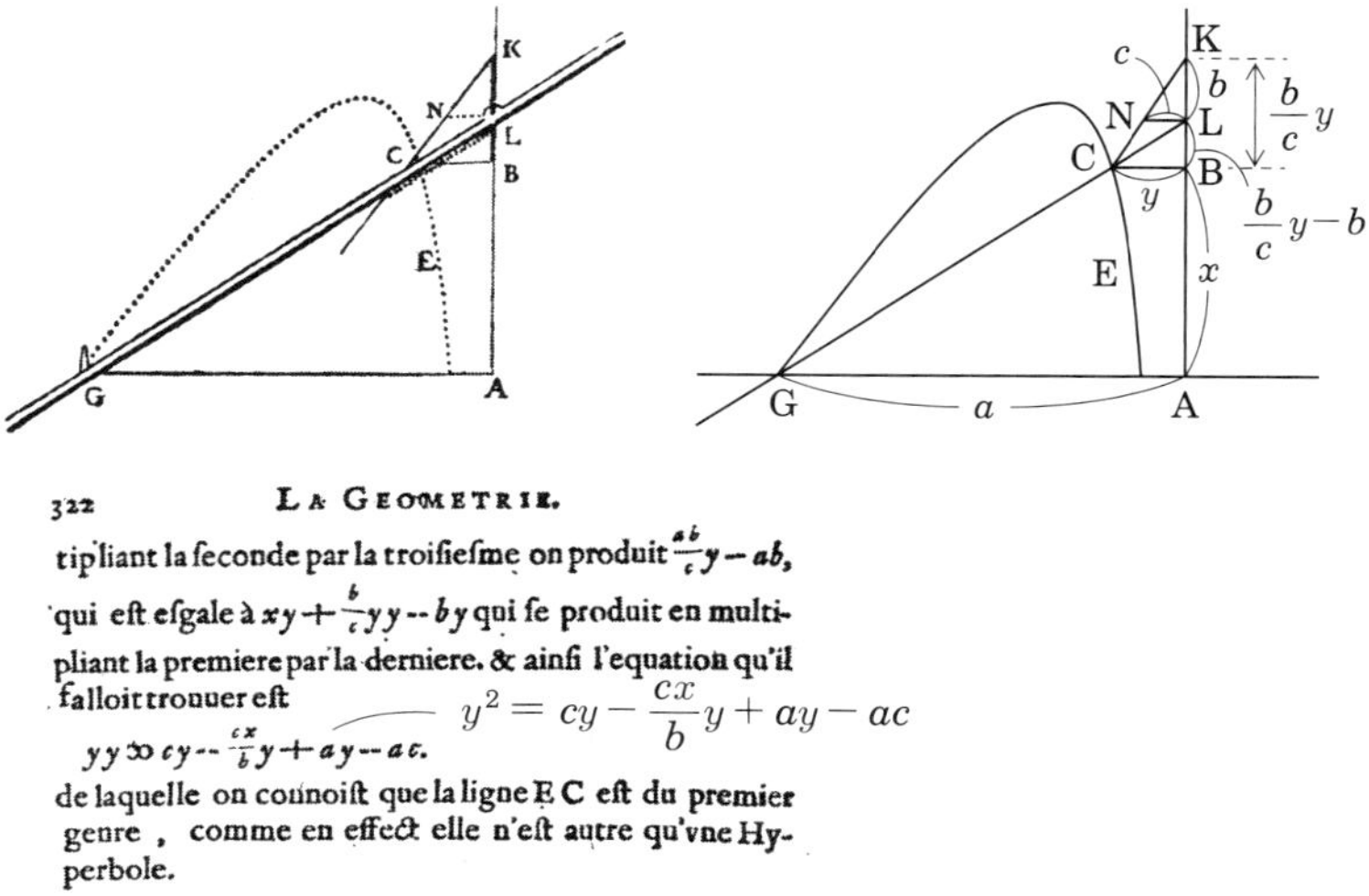

322 LA GEOMETRIE.

tipliant la ſeconde par la troiſieſme on produit $\frac{ab}{c}y - ab$, qui eſt eſgale à $xy + \frac{b}{c}yy - by$ qui ſe produit en multipliant la premiere par la derniere. & ainſi l'equation qu'il falloit trouuer eſt

$yy \infty cy - \frac{cx}{b}y + ay - ac.$

$$y^2 = cy - \frac{cx}{b}y + ay - ac$$

de laquelle on connoiſt que la ligne EC eſt du premier genre, comme en effect elle n'eſt autre qu'vne Hyperbole.

デカルト『幾何学』より．双曲線作図器と双曲腺の方程式．多曲線作図器で描かれた双曲線を表す方程式が書き下されている．

れています。それでデカルトはどうしたかというと、「幾何学に受け入れることのできる曲線とは何か」というふうに問題を立て、思索を重ねました。いかにも形而上的な問い掛けですが、考察しようとしている問題の一般性が高まっているのに対応して、必然的に現れる現象です。

代数曲線の世界

幾何学に受け入れうる曲線を幾何学的曲線と呼ぶことにします。古代ギリシアでも曲線の分類ということは考えられていて、平面軌跡、立体軌跡、曲線的な線などという区分けがなされていました。直線と円は平面軌跡です。円錐曲線を認識するには円錐のような立体が必要になるというので、これらは立体軌跡です。

古代ギリシアではここまでが幾何学的曲線で、ニコメデスのコンコイド、ディオクレスのシソイド、ヒッピアスの円積線（column20、21参照）、それにアルキメデスの螺旋は機械的な線とされて、幾何学的曲線の仲間に入れてもらえませんでした。

デカルトは曲線の分類という考え方そのものは継承し、そのうえで分類の仕方に批判を加えました。『幾何学』にはその思索の経緯が詳細に叙述されています。デカルトが到達した結論はコンコイドとシソイドは幾何学的曲線の仲間に入れるが、円積線と螺旋は仲間に入れないというものでした。この区分けの基準は何かというと、方程式でした。

平面上に曲線Cが描かれたとき、それを表す方程式を立てるというのがデカルトのアイデアです。オイラーの言葉を借りてこれを説明します。同じ平面上に一本の無限直線Lを引き、これを軸と名づけます。軸の上に任意に点Aを指定し、それを始点と呼びます。曲線C上の任意の点Pから軸Lに向かって垂線を降ろし、その垂線の足、すなわち軸との交点をMとします。軸の始点AからMまでの距離を測定してxで表し、垂線PMの距離をyで表します。これで曲線C上の各点Pに対して二つの数値xとyが配属されました。xとyをそれぞれ点Pの切除線、向軸線と呼ぶことにします。

このようにしたうえで、xとyの間に成立する方程式を考えるのがデカルトのアイデアです。しかもデカルトはその方程式を代数方程式に限定し、方程式の次数により曲線を分類しようとしました。デカルトのいう幾何学的曲線はこのようなもので、後年、ライプニッツはこれを代数的な曲線、略して代数曲線と呼びました。ライプニッツが一六八六年七月十四日の日付でアルノーのいう人に宛てて書いた手紙を参照すると、

それゆえ私は、デカルト氏によって受け入れられた曲線を代数的と呼びます。なぜならそれはある次数の代数方程式に属するからです。そしてその他のものを超越的と呼び、それらを算法に従わせ、その作図も点か運動を用いて示します。そして、敢えていうならば、そうすることによってヘラクレスの柱を越えて解析を促進しようと考えています。(『ライプニッツ著作集』、第二巻、三〇九頁。「ライプニッツ一六八四」の邦訳に対して附せられた解説から引用しました。「ヘラクレスの柱」というのは、ジブラルタル海峡の入口の岬につけられた古代の地名です)

という言葉に出会います。「代数的」の原語は Algebraicas、「超越的」の原語は Transcendentes です。

ライプニッツの提案は今も生きています。円、円錐曲線、コンコイド、シソイドはみな代数曲線で、xとyの多項式をそれぞれ適切に選定して、それを0と等値することにより表されます（column20参照）。逆に、xとyの任意の多項式を0と等値すると、それによって何らかの代数曲線が描かれます。こうして非常に広大な代数曲線の世界が手に入りました。この

世界では代数方程式がそのまま曲線なのですから、方程式のみを手掛かりとして、その方程式で表される曲線の形状を正確に知ることが基本的な問題として課されます。そのためにはどうしたらよいのでしょうか。こうして新たな問題に直面します。これに対し、「接線を自在に引けるようになれば曲線の形はわかる」というのがデカルトの所見で、この課題がいかに重要であるかということを、デカルトは『幾何学』の随所で繰り返し強調しています。

円や円錐曲線のように具体的に描かれた曲線に接線を引くというのであれば、個別に工夫を凝らして接線を引くことができそうですが、方程式のみを手掛かりとして接線を引くというのは確かにむずかしく、まったく新しい、しかも一般的な方法を考案する必要があります。実際にデカルトが提案したのは接線法ではなく法線法ですが、接線が引ければ法線も引けますし、その逆も言えますから、接線法と法線法は実質的に同じことになります。細かな話は避けておおよそのことを言うと、デカルトの法線法は代数方程式の重根条件に基づいています。

デカルトは曲線とは何かという問題を「幾何学に受け入れることができるかどうか」という点に足場を求めて考察し、代数曲線をもってこの問題に答えました。法線法もしくは接線法への関心は微分法の出発点になりライプニッツによる「万能の接線法」への道を開きました。

求積法と超越曲線

古代ギリシアから西欧近代へと数学のバトンがわたされて、デカルトやフェルマの創意が加

● column20 ● 代数曲線の例 古代ギリシアの数学より
——コンコイドとシソイド

ニコメデスのコンコイドは、a と b は $a > b$ となる定数とするとき、極座標では

$$r = a + \frac{b}{\cos\theta}$$

と表示されます。直交座標では、

$$(x-b)^2(x^2+y^2) = a^2x^2$$

となります。

$a = b$ のときは曲線の形が少し変ります。方程式は、極座標では

$$r = a\left(1 + \frac{1}{\cos\theta}\right)$$

となり、直交座標では

$$\left(\frac{x}{a} - 1\right)^2(x^2+y^2) = x^2$$

という形になります。

コンコイドを用いると、一般角の三等分の問題と立方体倍積問題を解くことができます。

ディオクレスのシソイドは、直交座標を用いて、方程式

$$(a+x)y^2 = (a-x)^3 \qquad (a \text{ は正の定数})$$

によって表されます。シソイドを用いると、立方体倍積問題を解くことができます。

● column21 ● 超越曲線の例 古代ギリシアの数学より——円積線

ヒッピアスの円積線は、極座標を用いると、方程式

$$r = \frac{2a\varphi}{\pi \sin \varphi} \qquad (a \text{ は正の定数})$$

によって表されます。直交座標による方程式は

$$x = \frac{y}{\tan \dfrac{\pi y}{2a}}$$

という形になります。

円積線は円積問題を解くために考案されました。

えられて独自の数学が生い立っていく様子を観察するのはたいへんな作業ですが、長い年月をかけて取り組むだけの値打ちはたしかにありますし、数学という学問の本性を知るうえでも不可欠であろうと思われました。曲線と接線をめぐってここまで叙述してきたところをひとまず要約すると、次のとおりです。

(一) 曲線の定義はなくてもいろいろな曲線が存在した。

(二) デカルトは曲線の定義が必要な数学的場面(具体的には、与えられた線の本数を任意にして、n 線の軌跡問題の解決をめざすことが考えられます)に直面し、「代数方程式で表される図形」という定義を与えた。

(三) 接線法もしくは法線法の確立が要請されるのは曲線の定義が一般的(抽象的とも言え

●column22● デカルトの葉

『方法序説』が刊行された年の翌年1638年1月、デカルトはメルセンヌに宛てて手紙を書きました。そこに「デカルトの葉」が記されていますので、記号を少し変えて紹介します。デカルトは平面上に無限直線 L と曲線 BDN を描きました。点 D は直線 L と曲線 BDN の交点です。曲線 BDN 上の任意の点 B から直線 L に向けて垂線を降ろし、L との交点を C とします。線分 CD の長さを x、線分 BC の長さを y で表します。このとき、デカルトは方程式

$$x^3+y^3 = pxy \qquad (p\text{ は正の定数})$$

が成立するという条件を曲線 BDN に課しました。これが「デカルトの葉」と呼ばれる曲線です（左図参照）。

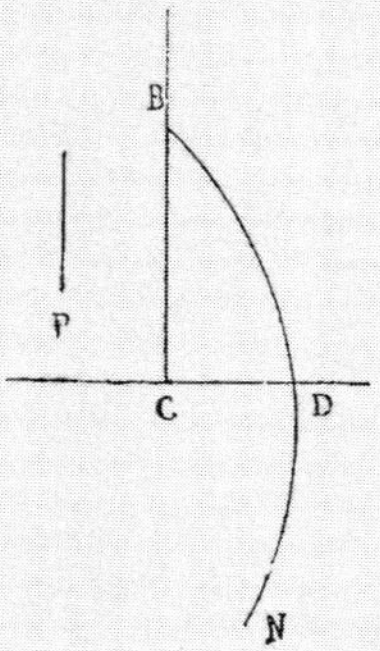

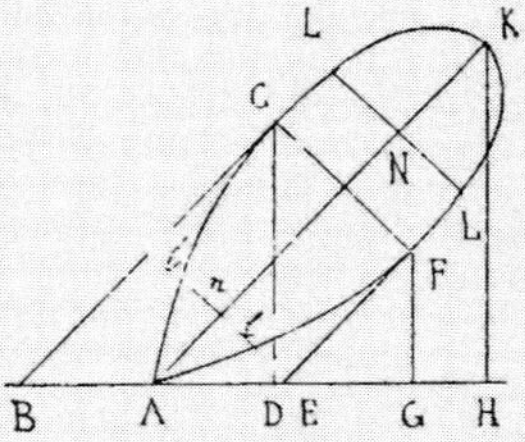

る）になり、形状を把握するための一般的方法が必要になったためである。

これで曲線の定義のひとつが登場しましたが、曲線の定義は接線法とセットになっていることに、くれぐれも留意したいところです。

デカルトは自分が定義を書いた曲線を特別の名前で読んだわけではなく、代数曲線という呼称を与えたのはライプニッツです。この呼称は超越曲線と対をなしています。ライプニッツもまたデカルトのように「幾何学に受け入れることのできる曲線とは何か」という問題を考察し、ある特別な理由があって、幾何学的曲線を代数曲線に限定することができなくなったのでした。その理由というのは求積法のことで、ライプニッツは曲線に囲まれた領域の面積や曲線の弧長を求めるために逆接線法を適用する方法を考案したのですが、これを実行すると求積線と呼ばれる曲線が出現します。ところが求積線が代数曲線の範疇におさまるということはなく、ひんぱんに超越曲線になってしまいます。

デカルトの関心はおおむね作図問題に終始して、求積法に関心を示した様子はほとんど見られません。ところが、ライプニッツのように求積法に関心を寄せて求積線を描こうとすると、双曲線の求積線は対数曲線になり、円の求積線は逆正弦曲線になるというふうで、さまざまな超越曲線が現れます。そこで超越曲線を正確に描くことが新たな課題になりますが、そのためにはまず超越曲線の一般概念を把握して、その後に接線法を確立しなければなりません。思索の構造の面ではデカルトの行き方が踏襲されています。

超越曲線というのは代数的ではない曲線というだけのことですから、曲線の一般概念を規定することが要請されます。ライプニッツは十五世紀のドイツの神秘主義的宗教者クザーヌスの思想を汲んで、「曲線とは無限小の辺が連なって形成される無限多角形である」という見方を採りました。曲線をこのように見ると、曲線上の任意の点は何らかの無限小の線分に所属していることになりますが、その線分を無限に延長していけば、その点における接線が描かれることになり、状況はきわめて簡明です。

問題はその無限小線分をどのように把握するかということで、そのためにライプニッツはそれを斜辺とする無限小直角三角形を作りました。現実に作ることはできませんが、心のカンバスに描くのでしたら可能です。直角をはさむ二辺もまた無限小で、それらをdxとdyで表すと、斜辺はdxとdyの間の一次関係式によって表されます。そこでdxとdyの関係を記述することが問題になります。これが究極の問いで、この問題の解決をめざしてライプニッツの「万能の接線法」が発見されました。

ともあれこれで曲線のとらえ方は二つになりました。ひとつはデカルトが提案したもので、代数方程式を通じて描かれる代数曲線。もうひとつはライプニッツが書き留めたもので、無限小の辺を連ねて形成される無限多角形です。デカルトにしてもライプニッツにしても曲線のないところにいきなり曲線の定義を書いたのではなく、曲線のイメージははじめからもっていました。イメージの側面に言葉を与えたのが定義ですから、真の実体はイメージのほうにあります。他方、イメージを伝えるには言葉をもってするほかはないこともまた事実です。

曲線のイメージに附随する特色の一部に着目してそれを言葉で表現すれば、代数曲線と呼ばれる曲線のように、具体的に表現された一群の曲線がこの世に現れます。無限小辺無限多角形もまた曲線にそなわっているイメージで、代数曲線もまたその範疇におさまりますから、これによって「言葉で表明された曲線の世界」は大きく拡大されたことになります。ライプニッツの次の世代のオイラーは関数の概念を提案し、曲線は関数のグラフであるという、斬新な観点を打ち出しました。蕉門の俳諧でいう不易と流行にならうなら、曲線のイメージは不易ですが、流行は変遷し、言葉で語られた曲線の定義はデカルト、ライプニッツ、オイラーと、三通りの様式で試みられました。今日の数学ではおおむねオイラーの流儀が行われています。

曲線の定義があるから曲線が存在するのではなく、すでに存在している曲線のイメージに、さまざまなねらいをもって言葉を与えることにより、曲線の多様な定義が現れるのだということを、ここであらためて強調しておきたいと思います。

数学は人が創造する

曲線に接線を引くといっても、紙の上に手書きででたらめに描いた曲線に接線を引くことはできません。デカルトはシソイドやコンコイドに法線を引きましたが、それはこれらの曲線を表す方程式から出発したからでした。フェルマはサイクロイドのような超越曲線に接線を引く独自の方法を考案しましたが、それは直線上に円を滑らないように転がすという、サイクロイドの描き方がはっきりしているからです。この点はライプニッツの場合にも同様で、ライプニッツの万能の接線法の対象でありうるためには、その曲線が何らかの式で表されている必要があります。

クザーヌスのアイデアを採用して曲線を無限小辺無限多角形と見ることにすれば、接線の観念は確かに定まりますが、それだけでは計算に乗りません。計算に乗せていくには曲線を方程式で表すことが必要で、この点ではデカルトとライプニッツは一致しています。ここまでくれば「万能の接線法」までは一歩の距離でしかありませんが、それを語るのは当面の目標ではありませんので、接線法についてはこのくらいにしておきたいと思います。

昔日、数学の勉強を心がけるようになった当初から、数学という学問におもしろさを感じることができないために大いに困惑したことはだいぶ前に述べた通りです。曲線と接線を定義して接線を引くための計算法に習熟しても、それだけでは別段おもしろいことはありませんが、古代ギリシアの未解決の作図問題に向き合って、新たな曲線の概念を模索して挑戦するデカルトの姿は感銘が深く、共感を覚えます。そのデカルトを批判して、超越曲線をも幾何学的曲線の仲間に入れて、逆接線法の世界に求積法を包み込もうとしたライプニッツの思索にも心を打たれます。デカルトとライプニッツを受けて、オイラーは関数の一般概念をもって曲線の世界全体を把握しようと試みました。曲線の解析的源泉を関数と見るというアイデアを提示したのですが、オイラーのねらいは変分法の基礎理論を構築することでした。

デカルトの代数曲線もライプニッツの超越曲線もオイラーの関数も抽象的といえば確かに抽象的ですが、これらの抽象には抽象のねらいがあり、抽象の風呂敷にいっぱいに具象が詰め込まれていますので、抽象が抽象に感じられません。デカルトはどうして幾何学的曲線とは何かという問いを立てたのだろう、代数曲線に限定したのはなぜなのだろう、ライプニッツがデカルトのどこに不満を感じて批判したのだろう、オイラーはなぜ関数などというものを考えたのだろう、等々と考えていくと、歴史研究の意味合いがこの手につかめてくるような感慨を覚えます。

数学はやはり「人が創造する学問」です。曲線とは何か、関数とは何かと観念的に問いを立てるのではなく、デカルトならどう言うだろう、ライプニッツならどうか、はたまたオイラーは、というふうに、数学の創造に携わった人びとのひとりひとりに聴いてみなければならないのではないかと思います。数学史研究への道がここに開かれていきます。

面積を算出したいと思う心

クザーヌスはサイクロイド曲線を考案した人であること、その契機になったのは古代ギリシアの三大作図問題のひとつである「円積問題」であったことを、あらためて想起しておきたいと思います。古代ギリシアと西欧近代の二つの数学が円積問題において接触し、サイクロイドという、古代ギリシアには見られなかった新しい曲線が発見されました。サイクロイドの人気は高く、クザーヌス以後、西欧近代の数学を創った人たちはこぞってサイクロイドを取り上げて、接線を引こうとしたり、サイクロイドと軸で囲まれる領域の面積を算出しようとするなど、さまざまな方面から究明を重ねました。最短降下線であることや、等時曲線であることも、サイクロイドに備わっている著しい性質です。

もっともここにおいて、「なぜ面積を求めたいと思うのだろう」という、素朴な疑問が発生します。接線を引きたい心も謎めいていましたが、面積を求めたいと思う心もまた同じくらい謎めいています。古代ギリシアには見られなかったことで、やはり西欧近代に特有の現象です。アルキメデスが放物線の求積に関心を寄せたというだけで説明するのはむずかしく、何かしら根本的な理由があったのではないかと想像されますが、こういうところは考えてもわかりません。西欧近代の数学を創った人たちはそうだったという事象が観察されるだけで、それ以上のことはわかりようがなく、数学という学問の正真正銘の神秘はそのあたりに宿っています。

積分の話をもう少し続けます。積分というと普通に思い当たるのは求積、すなわち「面積を求める方法」で、古代ギリシアの数学でいうとしばしばアルキメデスが引き合いに出されます。高木貞治先生の『解析概論』でも、積分の章はアルキメデスの話から始まっています。アルキメデスは放物線の求積法の発見で知られている人で、放物線に直線が交叉しているとき、その直線と放物線により囲まれる領域の面積の算出に成功しました。今日の積分法の端緒を求積に求めることにすると、このアルキメデスの試みと成功はひときわ際立った印象をもたらしますが、この方面でアルキメデスを継承する者といういきなり話が飛んで、舞台は西欧近代の数学へと移ります。

西欧近代の数学では草創期からすでに求積への関心が見られます。ではなぜ「図形の面積」に関心を寄せたのだろうかという疑問もまた生じます。これに加えて、ひとくちに求積といってもその対象は「面積」に限定されるわけではなく、「曲線の長さ」や「立体の体積」の算出も求積法の守備範囲です。

求積法の淵源を求めて古代ギリシアの数学を観察しても、目に留まるのはせいぜいアルキメデスによる放物線の求積程度のことで、そのほかには、円の面積、円周の長さ、球の体積、球の表面積などの算出が行われています。円と球に関しては、求積法というよりもむしろ円周率の発見という方面から見るほうがよさそうに思います。

今日の微積分ではまずはじめに曲線の方程式が提示され、その概形を描くと閉じたループが出現することがあり、そのようなときにその面積を求めようとすると積分法の出番になります。古代のギリシアにはそもそも曲線の種類がきわめて少なかったのですから、求積法が大きな関心事になったようにも思えません。接線法の場合には、古代ギリシアの数学には西欧近代の数学における接線法に影響を及ぼすような出来事はありませんでした。求積法の場合にはアルキメデスの試みがありますので、なんとなく大昔から関心が寄せられていたかのような感じがするのですが、錯覚ではないかという疑念は消えません。円とその接線についてはユークリッドの『原論』に記述があり、アルキメデスにも螺線の接線に寄せる関心が見られるとはいうものの、ここから出発して今日の接線法への道がおのずと伸びていくとは思えません。ただし、何らかの示唆を与えたことはありえますし、実際にデカルトの接線法には「円とその接線」の影響が見られます。それでもなお西欧近代の数学における接線法の泉はクザーヌスに求めるのが本当のところであろうと思います。積分法はその接線法の逆演算として、**逆接線法**という名で登場しました。

逆接線法と求積法

今日の積分法の淵源と見られているライプニッツの論文は

「深い場所に秘められた幾何学、および不可分量と無限の解析について」

というもので、『学術論叢（アクタ・エルディトールム）』というドイツの月刊学術誌の一六八六年七月に発行された号に掲載されました（以下、「ライプニッツ一六八六」と略称します）。二九二頁から三〇〇頁まで、わずかに九頁を占めるだけの短篇で、それだけでも驚かされます

G. G. L. DE GEOMETRIA RECONDITA ET Analyſi Indiviſibilium atque infinitorum, Addenda his quæ dicta ſunt in Actis a. 1684, Maji p. 233; Octob. p. 264; Decemb. p. 586.

ライプニッツ「深い場所に秘められた幾何学，および不可分量と無限の解析について」（学術論叢，アクタ・エルディトールム，1686年7月，292頁）．

し、表題にみられるあれこれの言葉を見てもひとつひとつがいかにも不思議です。わけても「深い場所に秘められた幾何学」という冒頭の語句の神秘的なことは格別で、今日の積分法とどのようにつながっているのか、これだけではまったくわかりません。

ライプニッツは「ライプニッツ一六八六」の二年前にもう一篇、今日の微分法の根底を定める役割を担う論文を出しました。表題は非常に長く、

「分数量にも無理量にもさまたげられることのない極大・極小ならびに接線を求めるための新しい方法、およびそれらのための特異な計算法」

というのです。「ライプニッツ一六八六」と同じ『学術論叢』一六八四年十月に発行された号に掲載されました。以下、これを「ライプニッツ一六八四」と略称することにします。四六七頁から四七三頁までわずかに七頁を占めるのみという、「ライプニッツ一六八六」よりもなお短い論文ですし、内実もアイデアの素描の域にとどまっています。スイスのバーゼルにいたベルヌーイ兄弟（兄のヤコブとオイラーと弟のヨハン）はライプニッツの二篇の論文をみて魅力を感じ、強く心を引かれたものの、わかるよう

$$s=\int\frac{dx}{\sqrt{1-x^2}}$$

で表されます。ここで、右辺は「その微分が微分式 $\frac{dx}{\sqrt{1-x^2}}$ で表される変化量」を表す記号です。そのような変化量はひとつではなく、無数に存在しますが、どの二つも定量だけの差が認められるにすぎません。積分の確定値を取って、

$$s=\int_0^x\frac{dx}{\sqrt{1-x^2}}$$

と置けば、一個の求積線が定まります。s と x は、

$$x=\sin s$$

という関係式で結ばれています。この等式は正弦曲線の方程式で、円の弧長計算に伴う求積線です。

この求積線を用いて上半円の長さを求めるには、

$$\int_{-1}^1\frac{dx}{\sqrt{1-x^2}}=\int_0^1\frac{dx}{\sqrt{1-x^2}}-\int_0^{-1}\frac{dx}{\sqrt{1-x^2}}$$

と計算します。$x=1$ のとき $s=\frac{\pi}{2}$、$x=-1$ のとき $s=-\frac{\pi}{2}$ であることに留意すると、右辺の二つの積分の値の差は $\frac{\pi}{2}-\left(-\frac{\pi}{2}\right)=\pi$ となります。これが上半円の周の長さです。2 倍すると単位円周の長さ 2π が求められます。

●column23● 求積線と弧長

単位円（半径が1の円）に例を求めてみたいと思います。ライプニッツが提示した微分計算は、

$$d(x+y)=dx+dy \qquad （変化量の和の微分）$$
$$d(xy)=ydx+xdy \qquad （変化量の積の微分）$$
$$da=0$$

（x と y は変化量。a は定量）

という簡明な規則に従って行われます。

直交座標系で単位円の方程式 $x^2+y^2=1$ を書き、この方程式を微分計算の規則に従って微分すると、等式

$$xdx+ydy=0$$

が生じます。この等式は原点を通る無限小線分ですが、単位円上の任意の点 (x,y) における接線と平行です。そこで、円周上の点 $\mathrm{P}(a,b)$ において接線を引くには、無限小線分 $adx+bdy=0$ を平行移動して点Pを通るようにすればよく、これは dx,dy の代りにそれぞれ $x-a,y-b$ を用いれば実現されます。実際、そのとき等式 $a(x-a)+b(y-b)=0$ が生じますが、これが点Pにおける接線の方程式です。等式 $a^2+b^2=1$ に留意して変形すれば、$ax+by=1$ ときれいな形になります。

上半円の長さを求めるために、まず円の線素 ds を計算します。$xdx+ydy=0$ より $dy=-\dfrac{xdx}{y}$。よって、

$$ds=\sqrt{(dx)^2+(dy)^2}=\sqrt{(dx)^2+\left(-\frac{xdx}{y}\right)^2}=\frac{dx}{y}=\frac{dx}{\sqrt{1-x^2}}$$

と計算が進行します。この等式は二つの微分 ds,dx の間の一次関係式ですが、これを求積線と呼ばれる何らかの曲線の接線の方程式と見ようというのがライプニッツのアイデアです。

一般に、求積線は方程式↗

なわからないような、まるでエニグマのようだという感慨に打たれたと言われています（ヨハンがそのように伝えています）。エニグマというのは古いギリシア語に淵源する言葉で、「深遠な謎」というほどの語感の伴う言葉です。

論文の題目に見られる「特異な計算法」は微分計算を指していて、それによって「万能の接線法」が完成したのですが、この論文の表題を見ると接線法のほかにもうひとつ、「極大極小問題」にも同じ方法が適用できると言われています。実に不思議なのはこの部分です。

順番に考えてみることにして、まず「逆接線法によってなぜ求積ができるかという論点を取り上げてみたいと思います。求積というのは、曲線で囲まれた領域の面積や曲線の弧長を算出することで、ライプニッツの方法ではまずはじめになすべきことは領域の無限小部分の面積（面素と呼ばれています）や、曲線の無限小部分の長さ（線素と呼ばれています）を表す式を書き下すことです（ｃｏｌｕｍｎ23、24参照）。それらの表示式は二つの微分の間の一次関係式になりますが、それらを**何らかの曲線の接線の方程式と見る**のがライプニッツの方法の眼目です。この視点に立てば、面素や線素の表示式の背後に曲線の姿が浮かび上がります。先天的に存在を保証されていたわけではなく、接線の方程式に誘われるままにおのずと目に映じるようになっただけですから、いわば**仮象の曲線**です。接線の形をした方程式のみを頼りにして存在を予感するだけで、実在するともしないとも、本当のところは実はわかりません。そのような曲線に強固な実在感を抱いたところにライプニッツの創意が現れています。このあたりの消

● column24 ● 求積線と面積

今度は上半円の面積を求積線を利用して求めてみます。面素を $dS = ydx = \sqrt{1-x^2}\,dx$ と表すと、付随する求積線は方程式

$$S = \int_0^x \sqrt{1-x^2}\,dx$$

で表されます。$x = \sin\theta$ と置いて計算を進めると、

$$S = \int_0^\theta \cos^2\theta d\theta = \int_0^\theta \frac{1+\cos 2\theta}{2} d\theta = \frac{1}{2}\theta - \frac{1}{4}\sin 2\theta$$

という形になります。$x = 1$ のとき $\theta = \frac{\pi}{2}$。よって $S = \frac{\pi}{4}$。$x = -1$ のとき $\theta = -\frac{\pi}{2}$。$S = -\frac{\pi}{4}$。それゆえ、上半円の面積は

$$\int_{-1}^1 \sqrt{1-x^2}\,dx = \int_0^1 \sqrt{1-x^2}\,dx - \int_0^{-1} \sqrt{1-x^2}\,dx = \frac{\pi}{4} - \left(-\frac{\pi}{4}\right) = \frac{\pi}{2}$$

となります。これを 2 倍すると単位円の面積 π が求められます。

息は、虚数に実在感を抱いて数論に導入することを決意したガウスに通じます。

求積の場面で出会う仮象の曲線には求積線という呼称がよく似合います。逆接線法を適用すると、深い場所に秘められた曲線が表層に浮上して、実際に求積線が描かれます。実在感が具体性を帯びるのはそのような瞬間であり、しかもその求積線の力を借りて面積や弧長が求められます。「ライプニッツはこのような状況を指して、「深い場所に秘められた幾何学」と呼んだのであろうと思います。オイラーに始まる微分方程式論の視点

に立てば、逆接線法は微分方程式の解法のように目に映じます。今日でも微分方程式を解くことを「積分する」といい、微分方程式の解を「積分」と呼ぶことがしばしばありますが、そのような語法は微分方程式論が逆接線法に淵源するという事情に根ざしています。

「積分」と訳出される言葉の原語はラテン語の「インテグラリア（integralia）」です。これを提案したのはベルヌーイ兄弟で、ほぼ同時期ですが、兄のヤコブのほうにわずかに早い使用例が認められます（初出はドイツの学術誌『学術論叢（アクタ・エルディトールム）』の一六九〇年五月の巻に掲載されたヤコブの論文です）。深い場所に秘められた曲線が求積を可能にするという状況を観察し、逆接線法よりも相応しいと思われる言葉を模索したのでしょう。

極大極小問題と接線法

極大極小問題は今日の微積分では微分法の応用例のひとつですが、デカルトの『幾何学』にはその姿は見られません。この問題に熱心に取り組んだのはデカルトと同時代のフェルマで、フェルマは接線法とともに極大極小問題にも関心を寄せました。これらの二つの問題は無関係としか思われないにもかかわらず、不思議なことに同じ手法が適用できることをフェルマは示しました。フェルマの手法はライプニッツの微分計算の手法と同じものではありませんが、とてもよく似ています。ある変化量 x と定量を用いて何らかの仕方で組み立てられた量 $\varphi(x)$ が与えられたとすると、その量はそれ自身が変化量であり、x がいろいろな値を取るのに応じて変化します。そこで、その最大値もしくは最小値を求めることを問題として課すと、極大極小問題（本当は最大最小問題と呼ぶほうが適切です）が発生します。

フェルマが独自に考案した手法についてはここでは立ち入りませんが、曲線の理論とは無関係であることを指摘しておきたいと思います。デカルトが「幾何学曲線とは何か」という問いを立てて思索を重ねて代数曲線という特定の曲線を規定したのに対し、フェルマにはデカルトのような形而上的思索の痕跡が見られません。デカルトは代数曲線のみを対象にして精緻な理論を構成し、曲線の形状を精密に知るための鍵を握っているのは接線法であることを正確に認識していましたが、極大極小問題や求積法に関心を寄せた形跡は見られません。デカルトとは裏腹に、フェルマはサイクロイドのような超越曲線をも平然と接線法の対象として取り上げましたし、そのうえその手法は極大極小問題に対しても有効でした。

デカルトとフェルマは相容れるところがなく、ただ接線法の探究という一点を共有しているにすぎません。ところがライプニッツはさながら水と油のような両者を包摂する「曲線の理論」を構築し、代数曲線にも超越曲線にも適用可能な「万能の接線法」を確立することに成功しました。ライプニッツの世界では極大極小問題も接線法の応用の事例として取り扱われます。前記の変化量 $\varphi(x)$ に立ち返り、これを新たに y という文字で表して得られる等式は曲線の方程式のように目に映じます。等式が曲線の映像を誘い、曲線とは無関係の場所に忽然と曲線が出現するのですから、それもまた「仮象の曲線」です。そこで、その仮象の曲線に接線法を適用

大にする点 E の位置は $x = \dfrac{a}{2}$ に対応する点 B の位置、言い換えると線分 AC の中点であることがわかります。

デカルトやライプニッツにとって等式 $y = x(a-x)$ はあくまでも放物線という名の曲線の方程式ですが、オイラーの視点は少々異なります。関数の概念を導入し、変化量 x と定量 a を用いて作られた式 $\varphi(x) = x(a-x)$ を x の関数と見るところに、オイラーの創意があります。この関数のグラフを作ると、方程式 $y = x(a-x)$ で表される放物線が描かれます。同一の等式 $y = x(a-x)$ がデカルトやライプニッツの目には放物線の方程式と映じ、オイラーはそれを関数 $\varphi(x)= x(a-x)$ のグラフを表す方程式と見たのでした。

すれば、概形が描かれて、極大点と極小点の位置が判明して極大極小問題が解決します。ライプニッツの接線法はデカルトのものともフェルマのものとも異なっていて、ライプニッツ自身は「ライプニッツ一六八四」の表題に見られるように「特異な計算法」と呼んでいます。ヨハン・ベルヌーイやオイラーのいう「微分計算」がこれに該当します。

オイラーの積分法

『無限解析序説』はオイラーの「解析学三部作」の第一番目の著作で、この序説を土台として、そのうえに微分法と積分法を構築するというのがオイラーの構想でした。三部作の第二番目の著作は『微分計算教程』(全一巻、一七五五年)。第三番目の作品は『積分計算教程』といい、全三巻で編成されています。第一巻は一七六八年、第二巻は一七六九年、第三巻は一七七〇年に刊行されました。大部の作品

●column25● 極大極小問題の例

極大極小問題と接線法との関係を、フェルマが提示した簡単な問題に例を求めて観察してみます。それは、

> 線分 AC を点 E において二分して、長方形 AEC が最大になるようにせよ。

という問題です。線分 AC の長さを a で表します。AC 上に点 B を定め、線分 AB の長さを x とすると、線分 BC の長さは $a-x$ で表されます。二つの線分 AB と BC を 2 辺とする長方形 ABC の面積は $x(a-x)$ と算出されますが、点 B の位置を指し示す数値 x を変化量と見て、この面積が最大になるときに x が取るべき数値を求め、その数値に対応する点 B をあらためて E と名づければ、それで「長方形 AEC が最大になるようにせよ」という要請に応えられたことになります。

この計算を遂行するために、変化量 $x(a-x)$ を文字 y で表すと、等式

$$y = x(a-x)$$

が出現します。これを曲線の方程式と見るというのが、デカルトからライプニッツへと継承されたアイデアです。ここに書き下されたのは放物線を表す簡単な方程式ですから、概形を描くのは容易ですが、ライプニッツの手法に従ってこの方程式の微分を作ると、等式

$$dy = (a-2x)dx$$

が得られます。微分 dy が消失するのは $x = \frac{a}{2}$ のときですが、この x の数値に対応して $y = \frac{a^2}{4}$ という数値が算出されて放物線の頂点の位置が判明します。

この計算の結果を踏まえて出発点にもどると、長方形 ABC の面積を最↗

ですが、主題はひとつで、全三巻を挙げて微分方程式の解法理論が叙述されています。『積分計算教程』の第一巻の巻頭に、積分計算の定義が次のように書かれています。

積分計算というのは、いくつかの変化量の微分の間の与えられた関係から、それらの量の関係を見つけ出す方法のことである。それを達成する手順は積分という名で呼ばれる習わしになっている。

「積分計算」と「積分」の概念規定に続いて、

微分計算は、いくつかの変化量の間の与えられた関係から、「それらの変化量の各々の」微分の間の関係を教えるのであるから、積分計算はその逆の方法を与えてくれるのである。

という言葉が続き、微分計算と積分計算が互いに他の逆演算であることが明示されています。第一巻と第二巻は「前の書物（Liber prior）」と呼ばれ、常微分方程式の解法が取扱われています。階数に応じて常微分方程式の分類が行われ、一階常微分方程式から高階常微分方程式へと進みます。常微分方程式の解法とは何かということについて、オイラーはいくつかの微分の間のある与えられた関係から、一個の変化量の関数を見つける方法を教示する。二つの部分を含む。

と言っています。「二つの部分」というのは「前の部分（Pars prior）」と「後の部分（Pars posterior）」のことで、「前の部分」では「与えられた関係式が一階微分だけしか含まないとき」（一階常微分方程式）が取り上げられ、「後の部分」では「与えられた関係式が二階もしくはより高階の微分を含むとき」（高階常微分方程式）が取り上げられます。

第三巻の「後の書物（Liber posterior）」では偏微分方程式が現れます。偏微分方程式とは何かというと、オイラーは

いくつかの微分の間のある与えられた関係から、二個もしくはより多くの個数の変化量の関数を見つける方法を教示する。この書物は二つの部分を含む。

と説明しています。微分方程式に現れる変化量の個数が二個なら常微分方程式、二個より多ければ偏微分方程式です。「二つの部分」というのは「前の部分」（与えられた関係式が一階微分だけしか含まないとき）と「後の部分」（与えられた関係式が二階もしくはより高階の微分を含むとき）のことで、常微分方程式の場合と同様に偏微分方程式もまた階数により分類されて

います。

逆接線法と微分方程式論との関係は直角三角形の基本定理と素数の形状理論との関係にとてもよく似ています（第三章参照）。直角三角形の基本定理の背景には直角三角形という特殊な形の図形が控えていて、フェルマは直角三角形に対して成立するピタゴラスの定理との関連のもとで直角三角形の基本定理の発見へと誘われました。ところが素数の形状に関する一般理論は図形の世界から大きく乖離して、そこに見られるのは純粋に素数の性質を語る言葉ばかりです。同様に、逆接線法の場合には、そのねらいはあくまでも曲線を発見することがめざされていますから、接線法と逆接線法は「曲線の理論」の世界にとどまっています。これに対し、微分方程式論は「曲線の理論」から大きく外部に飛び出して、まったく新たな世界が構築されています。オイラーの『積分計算教程』にはおびただしい数の微分方程式の例が挙げられていますが、それらにはもう「曲線の探索」の意志は感じられません。

古代ギリシアのアリトメチカが西欧近代の「数の理論」に移っていったように、古代ギリシアの作図問題を契機とする西欧近代の曲線の理論において、逆接線法は微分方程式論へと、その姿を大きく変えていきました。

第六章 リーマンのアーベル関数論

- リーマンは複素数域を幾何学的平面と同一視するアイデアをガウスに学び、なお一歩を進めて複素変化量の変域を複素数域からリーマン面に移した。
- ヤコビはアーベルの加法定理からヤコビの逆問題を抽出した。その道筋は岡潔がハルトークスの連続性定理からハルトークスの逆問題を造形した道筋とよく似ている。
- アーベル関数論のプログラム。アーベル積分の逆関数は加法定理を満たし、その加法定理を記述する代数方程式系はある種の微分方程式系の完全代数的積分を与える。

あこがれのリーマン

リーマンは四十歳に満たない年齢で亡くなった人で、生前に公表された論文はわずかに十一篇にすぎませんが、どの一篇も数学的自然に未開の沃野を開拓するという性格のものばかりです。このあたりは岡潔先生の場合ととてもよく似ています。十九世紀の偉大な数学者たちの中でも一段と高いロマンチシズムの香りに包まれているように思われて、いつもあこがれて、仰ぎ見ていたものでした。実際に論文を読もうとして全集を開いて文字を追い始めると、ひとつひとつの単語にすみずみまで「意味」が充満しているように感じられますので、ついつい考え込んでしまいます。ところがいっこうに「わかった」という気持ちにならず、そうかといって「わからない」というのとも違い、いつまでも考えていたいという不思議な心情に襲われてしまったものでした。こんなふうにして歳月が流れたため、つねに座右に置いて気に掛けながらも解明作業はいっこうにはかどりませんでした。

珠玉の論文が並ぶリーマンの諸論文の中でも、根幹を作るのは学位論文として書かれた「一個の複素変化量の関数の一般理論の基礎」（一八五一年）と、その土台の上に構築された「アーベル関数の理論」（一八五七年）の二論文です。前者の論文では一複素変数関数論の根底が確立され、後者の論文の主題は一変数の代数関数論です。両々相俟って岡潔先生の多変数関数論の範型となったことは既述のとおりです（序章参照）。岡先生の論文集に誘われて古典研究に向った以上、このリーマンの二論文はどうしても越えなければならない高峰でした。

リーマンのアーベル関数論をテーマにしてまとまりのある本を書きたいという考えは三十年来の夢の企画でした。ところが数年ほど前から非常に高揚した気分に包まれるようになって、しきりにリーマンのことを考えて日をすごすようになりました。

岡潔先生はどのようにして数学という学問に向っていったのかというと、第三高等学校の生徒のときポアンカレのエッセイ集『科学の価値』を読んだことが大きなきっかけになりました。次に挙げるのは岡先生のエッセイ集『昭和への遺書　破るるもまたよき国へ』（月刊ペン社。昭和四十三年）からの引用です。

三高のとき私はアンリー・ポアンカレの「科学の価値」をよんだ。そうするとこういう意味のことが書いてあった。クラインはリーマンのディリクレの原理を証明しようとして、球、ドーナツ、球に二つ耳のついたもの、三つついたもの等の模型を頭の中で作り、それに十一の二極を置いて、頭の中で電流を流した。そしてその流れるのを見て安心した。

リーマンというのはスイスに生まれドイツのゲッチンゲンで教えた十九世紀の大数学者、

数学史中の最高峰と思うのは私だけではない。ディリクレの原理というのはリーマンが発見して、その師ディリクレの名を取って命名した大原理であって、実に簡潔、実に有力であるが、リーマンのした見事な証明は不備であることが後にわかった。クラインというのはリーマンの死後大分してゲッチンゲンの教授になったドイツ人で、生涯リーマン一辺倒であった。

球、ドーナツ、球に二つ耳のついたものというのは閉リーマン面の模型です。リーマンは変分法のディリクレの原理を基礎にして閉リーマン面上において解析関数の存在定理を確立し、その土台の上に複素変数関数論を構築したのですが、ディリクレの原理の適用の仕方に瑕疵があることをヴァイエルシュトラスが指摘しました。クラインは論理的に厳密な証明を考案してリーマンの不備を補ったというわけではなく、ただ閉リーマン面上に正負の二極を配置して電流を流すという状況を想定し、電流が流れるのはまちがいないことを確信したにすぎませんでした。クラインの心情を忖度すると、たとえ証明を叙述する言葉がなくとも、その確信がそのまま解析関数の存在を保証しているのであり、ポアンカレを通してその話を聴いた岡先生は深く心を打たれた模様です。

岡先生は大学生のとき、「計算も論理もない数学をやってみたい」ということを口にしてみなを驚かせたというエピソードを残しています。解析関数の存在に寄せるクラインの確信を支えているのは計算でも論理でもないのですから、岡先生のいう「計算も論理もない数学」の事例になっています。
岡先生が読んだポアンカレの『科学の価値』は田邊元が翻訳したもので、該当箇所は次のとおりです。

其反對にフェリクス・クライン Felix Klein を考へると、彼は函數論の最も抽象的な問題の一つを研究した。即ち一の與へられたリーマン面に、與へられた特異性を有する所の函數が常に存在するかといふ問題である。扨此《さてこの》有名な獨逸の幾何學者は如何にしたであらうか。彼はリーマン面に置換へるに電導率が一定の法則に從つて變化する如き金属面を以てし、其二つの極を連結するに電池の兩極を以てした。斯くして彼は電流が之に通じなければならぬ事、其電流の面に分配され方が問題に要求せられた特異性を正に持つ所の函數を定義する事を述べたのである。(田邊元訳、ポアンカレ『科學の價値』、岩波書店、大正五年、ルビは引用者)

リーマンを憧憬してやまない岡先生の心情に誘われて、リーマンへのあこがれは高まっていくばかりでした。

リーマンの四論文

リーマンのアーベル関数論は下記の四篇の論文において公表されました。

（第十一論文）「独立変化量の関数の研究のための一般的諸前提と補助手段」.

（第十二論文）「二項完全微分の積分の理論のための位置解析からの諸定理」

14.

Theorie der *Abel*'schen Functionen.

(Von Herrn *B. Riemann.*)

In der folgenden Abhandlung habe ich die *Abel*'schen Functionen nach einer Methode behandelt, deren Principien in meiner Inauguraldissertation *) aufgestellt und in einer etwas veränderten Form in den drei vorhergehenden Aufsätzen dargestellt worden sind. Zur Erleichterung der Uebersicht schicke ich eine kurze Inhaltsangabe vorauf.

Die erste Abtheilung enthält die Theorie eines Systems von gleichverzweigten algebraischen Functionen und ihren Integralen, soweit für dieselbe nicht die Betrachtung von ϑ-Reihen mafsgebend ist, und handelt im §. 1—5 von der Bestimmung dieser Functionen durch ihre Verzweigungsart und ihre Unstetigkeiten, im §. 6—10 von den rationalen Ausdrücken derselben in zwei durch eine algebraische Gleichung verknüpfte veränderliche Gröfsen, und im §. 11—13 von der Transformation dieser Ausdrücke durch rationale Substitutionen. Der bei dieser Untersuchung sich darbietende Begriff einer *Klasse* von algebraischen Gleichungen, welche sich durch rationale Substitutionen in einander transformiren lassen, dürfte auch für andere Untersuchungen wichtig und die Transformation einer solchen Gleichung in Gleichungen niedrigsten Grades ihrer Klasse (§. 13) auch bei anderen Gelegenheiten von Nutzen sein. Diese Abtheilung behandelt endlich im §. 14—16 zur Vorbereitung der folgenden die Anwendung des *Abel*'schen Additionstheorems für ein beliebiges System allenthalben endlicher Integrale von gleichverzweigten algebraischen Functionen zur Integration eines Systems von Differentialgleichungen.

In der zweiten Abtheilung werden für ein beliebiges System von immer endlichen Integralen gleichverzweigter, algebraischer, $\overline{2p+1}$fach zusammenhangender Functionen die *Jacobi*'schen Umkehrungsfunctionen von p veränderlichen Gröfsen durch $p$fach unendliche ϑ-Reihen ausgedrückt, d. h. durch Reihen von der Form

*) Grundlagen für eine allgemeine Theorie der Functionen einer veränderlichen complexen Gröfse. Göttingen 1851.

リーマン，「アーベル関数の理論」，第14論文，第1頁
『ボルヒャルトの数学誌』，第54巻，1857年.

（第十三論文）「一個の複素変化量の関数の、境界条件と不連続性条件による決定」

（第十四論文）「アーベル関数の理論」

四篇の独立した論文の形になっていて、『ボルヒャルトの数学誌』の第五十四巻（一八五七年）に第十一論文から第十四論文まで頁番号も切れ目なく続いて掲載され、

全体として一篇の論文を形作っています。リーマンの没後、ハインリッヒ・ウェーバーとデデキントの手で全集が編纂されましたが、この二人の編纂者の目にもそのように映じたようで、全集には「アーベル関数論の理論」という単一の表題が附せられて収録されました。

『ボルヒャルトの数学誌』というのは、アーベルと親しかったプロイセン政府の鉄道技官クレルレがベルリンで創刊した『純粋数学と応用数学のための雑誌』のことで、当初はクレルレ自身が編集を担当して『クレルレの数学誌』と呼ばれていました。クレルレの没後、ボルヒャルトが新たな編纂者になり、『クレルレの数学誌』は『ボルヒャルトの数学誌』になったのですが、この呼称は必ずしも定着しなかった模様です。『純粋数学と応用数学のための雑誌』は今も存続していますが、通称は依然として『クレルレの数学誌』です。

上記の四篇の論文のうち、はじめの三篇はどれも短編です。これらはリーマンの学位論文「一個の複素変化量の関数の一般理論の基礎」の簡潔な報告で、全体として本論、すなわち第四論文のための助走のような役割を果しています。複素変数関数の一般理論を構築し、その土台の上にアーベル関数論を建設しようというのがリーマンの構想ですから、リーマンのアーベル関数論の解明のためにはまずはじめに学位論文の精読が要請されます。

この解読作業に取り組み始めたのはすでに三十年余の昔のことで、手元に最初に清書した翻訳稿がありますが、それには昭和五十九年（一九八四年）三月二十五日という日付が記入されています。何年か読み続け、ひとまず区切りをつけようとして清書を試みたのでした。ただし、完全に理解できたというには遠く、読むほどにかえって謎が深まるばかりだったのは不思議なことでした。

複素変数関数論のはじまり――コーシーとリーマン

リーマンの学位論文の謎は深く、心にかかった疑問はおびただしい数に達しました。ほとんど一行ごとに考え込まなければならないほどのありさまが打ち続く中でも、とりわけ大きな懸案になったのは「コーシーの複素関数論との関係」を解明することでした。複素関数論のはじまりということであればコーシーの名を逸することはできず、複素解析関数の定義の際に現れる「コーシー＝リーマンの偏微分方程式」のように、コーシーとリーマンはしばしば並列して登場します。複素変数関数論の場においてコーシーがリーマンに影響を及ぼしたと見られる気配は確かに感知されますが、具体的な様子はなかなか明らかになりません。コーシーのねらいは計算のむずかしい実定積分の数値の算出にあり、そのために考案されたのが留数解析ですが、留数解析はアーベル関数論とは無関係です。それなら複素関数論には二つの異なる契機が存在したことになりそうです。

視野を拡大して、一般に数学における複素数の導入ということを考えていくと、西欧近代の数学史の源流にたどりついてしまいます。代数方程式を解こうとするとひんぱんに虚量に直面しますが、十六世紀のイタリアの数学者カルダノはこれを一概に排除しようとはせず、$\sqrt{-9}$を例にとって、「$\sqrt{-9}$は+3でも−3でもないが、何かしら秘められた第三の種類のものである」という不思議な言葉を書き留めました。デカルトは*imaginaire*（想像上の）という形容詞を「虚」という意味で使用した最初の人物で、もとより拒絶するような姿勢を示すことはありませんでした。ヨハン・ベルヌーイは虚数の対数を考えることさえ躊躇せず、しかも円の面積を虚数の対数に帰着させるという不思議な等式を発見しました。後年、オイラーはこれを「ベルヌーイの美しい発見」（column 26参照）と呼びました。

十七世紀のはじめ、ヨハンは負数と虚数の対数の正体をめぐってライプニッツと手紙を取り交わし、議論を続けたことがありました。このときの論争は結実しないままに立ち消えになったのですが、半世紀ののち、オイラーはこれを継承し、「対数の無限多価性」という、対数というものの本性の洞察に成功しました。ヨハンが発見した不思議な等式も、オイラーが思索を深めていくうえで有効な働きを示しました。対数の無限多価性の認識こそ、正しく複素変数関数論の泉と見るべきであろうと思います。

カルダノ、デカルト、ヨハン・ベルヌーイ、ライプニッツ、オイラーとたどっていくと、みなそれぞれに虚量もしくは虚数というものに対して深い実在感を抱いている様子が際立っています。オイラーに続く数学者たちの系譜をガウス、アーベル、ヤコビ、ディリクレとたどっても、この実在感は確かに共有されていますが、ひとりコーシーのみはそうではありません。コーシーが『解析教程』（一八二一年）において複素数を取り上げている様子を見ると、どこま

●column26●ヨハン・ベルヌーイの美しい発見

オイラーは「負数と虚数の対数に関するライプニッツとベルヌーイの論争」（1751年）という論文においてヨハン・ベルヌーイが発見した等式

$$\frac{\log\sqrt{-1}}{\sqrt{-1}} = \frac{\pi}{2}$$

を紹介し、これを「円の面積を虚対数に帰着させるというベルヌーイの美しい発見」と呼びました（円周率 π は単位円、すなわち半径 1 の円の面積を表しています）。この等式の初出は1702年 8 月 5 日付で書かれたヨハン・ベルヌーイの手紙です。この時期のヨハンの所在地はオランダのフローニンゲンでした。

La belle découverte de Mr. Bernoulli, de ramener la quadrature du cercle aux logarithmes imaginaires, ſe trouve auſſi non ſeulement parfaitement d'accord avec cette théorie, mais elle en eſt une ſuite néceſſaire, & eſt portée même par là a une infiniment plus grande étendue: puiſque nous voyons, que les logarithmes de tous les nombres, entant qu'ils ſont imaginaires, dépendent tous de la quadrature du cercle.

オイラー「負数と虚数の対数に関するライプニッツとベルヌーイの論争」より．ベルリン王立科学文芸アカデミー紀要，第 5 巻（1749年．1751年刊行）．1 行目に“La belle　découverte de Mr.Bernoulli”（ベルヌーイの美しい発見）という言葉が見える．

でも記号の一種とみなしてただ計算の規則を書き並べるばかりですので、虚数の実在感は欠如しているとしか思えません。そのコーシーがリーマンに影響を及ぼすということははたしてありえたのでしょうか。ありえたとすれば、コーシーとリーマンを連繋する架け橋が存在することになりますが、どうしたらそれが見えるのでしょうか。この疑問は根が深く、いつまでも消えませんでした。

「関数」の解析性の発見(1)——リーマン

留数解析が成り立つ根拠となるのは、解析関数の閉曲線に沿う積分に関する**コーシーの定理**です。コーシーは有理関数や指数関数、対数関数、三角関数などの身近な関数に対してコーシーの定理を適用し、従来の手法ではとても計算できそうにないむずかしい実定積分の計算を遂行し、数値の算出に成功しました。コーシーの定理を適用することのできる関数は解析関数に限定されるのが本来の姿ですし、逆にこの定理の成立をもって解析関数の定義とすることも可能なくらいです。コーシーは関数の解析性の明確な認識が欠如したままコーシーの定理の適用を続けました。あるいは、コーシーの定理という名に相応しい命題を発見してそれをいろいろな関数に適用したというよりも、「閉曲線に沿って積分すると積分値が0になる」という事実に気づいたというほうが正確かもしれません。

解析的ではない関数を相手にするとうまくいかないにもかかわらず、既知の関数を組み合わせて構成される式はたいていみな解析関数ですから成功する事例のほうが多く、手法の斬新さが際立ったことと思われます。それでも長い歳月をかけて、最後に「コーシーの定理の適用可能な関数」の範疇の認識にいたりました。この間の消息にはリーマンもよく通じていたにちがいありません。それなのに、リーマンの学位論文のどこにもコーシーの影が射していないのは

という言葉を広く取って「正則な解析関数」と呼ぶ流儀も行われています。

リーマンが課した条件は**コーシー=リーマンの方程式**と呼ばれる連立偏微分方程式

$$\frac{\partial u}{\partial x} = \frac{\partial v}{\partial y}, \qquad \frac{\partial v}{\partial x} = -\frac{\partial u}{\partial y}$$

が成立することと同等です。

いかにも不思議です。

コーシーが実定積分の数値計算の手法の探索から出発したのに対し、リーマンは逆に「関数」の概念規定を模索するところから説き起こしました。実関数の概念はオイラーに始まり、コーシー、フーリエ、ディリクレとたどって「完全に任意の関数」に達しましたが、リーマンのいう「一個の複素変化量の関数」は「完全に任意の関数」ではありません。リーマンには何かしら特別の目的があり、「完全に任意の関数」に適切な限定条件を課して、目的をかなえてくれる特殊な関数を浮き彫りにしようとするのでした。

zとwは複素変化量、すなわち複素数値を取りながら変化する変化量とし、wはzのディリクレの意味での関数とします。これを言い換えると、zの取る値の各々に対してwの一個の値が対応するという状勢を考えるのですが、変化量の微分の存在を前提して、そのうえでさらに**微分dzとdwの比の値が微分dzに依存しないで確定する**という条件をリーマンは課しました。リーマンの創意が現れているのはここのところです（ｃｏｌｕｍ

● column27 ● リーマンによる「関数」の定義

微分 dw の微分 dz による商を作ると、

$$dz = dx + idy, \qquad d\bar{z} = dx - idy$$

$$dx = \frac{1}{2}(dz + d\bar{z}), \qquad dy = -\frac{i}{2}(dz - d\bar{z})$$

$$\begin{aligned} dw = du + idv &= \frac{\partial u}{\partial x}dx + \frac{\partial u}{\partial y}dy + i\left(\frac{\partial v}{\partial x}dx + \frac{\partial v}{\partial y}dy\right) \\ &= \left(\frac{\partial u}{\partial x} + i\frac{\partial v}{\partial x}\right)dx + \left(\frac{\partial u}{\partial y} + i\frac{\partial v}{\partial y}\right)dy \\ &= \frac{1}{2}\left(\frac{\partial u}{\partial x} + i\frac{\partial v}{\partial x}\right)(dz + d\bar{z}) - \frac{i}{2}\left(\frac{\partial u}{\partial y} + i\frac{\partial v}{\partial y}\right)(dz - d\bar{z}) \\ &= \frac{1}{2}\left[\left(\frac{\partial u}{\partial x} + \frac{\partial v}{\partial y}\right) + \left(\frac{\partial v}{\partial x} - \frac{\partial u}{\partial y}\right)i\right]dz + \frac{1}{2}\left[\left(\frac{\partial u}{\partial x} - \frac{\partial v}{\partial y}\right) + \left(\frac{\partial v}{\partial x} + \frac{\partial u}{\partial y}\right)i\right]d\bar{z} \end{aligned}$$

$$\begin{aligned} \frac{dw}{dz} = &\frac{1}{2}\left(\frac{\partial u}{\partial x} + \frac{\partial v}{\partial y}\right) + \frac{1}{2}\left(\frac{\partial v}{\partial x} - \frac{\partial u}{\partial y}\right)i \\ &+ \frac{1}{2}\left[\left(\frac{\partial u}{\partial x} - \frac{\partial v}{\partial y}\right) + \left(\frac{\partial v}{\partial x} + \frac{\partial u}{\partial y}\right)i\right]\frac{d\bar{z}}{dz} \end{aligned}$$

と計算が進みます。ここで $dz = \varepsilon e^{\varphi i}$ と置くと、$\dfrac{d\bar{z}}{dz} = e^{-2\varphi i}$ となり、この項の値は dz の偏角 ε に依存してさまざまに変動することがわかります。この項の係数

$$\left(\frac{\partial u}{\partial x} - \frac{\partial v}{\partial y}\right) + \left(\frac{\partial v}{\partial x} + \frac{\partial u}{\partial y}\right)i$$

が消失すれば、微分商 $\dfrac{dw}{dz}$ の値は確定します。リーマンはディリクレの意味での関数にこの制限を課し、これを満たす関数を指して単に「関数」と呼びました。今日の語法では**正則関数**もしくは**解析関数**という言葉があてはまります。あるいは、高木貞治先生の『解析概論』のように、解析関数↗

n27参照）。この条件の文言は関数の解析性の定義にほかなりませんが、ここに秘められている謎は実に巨大です。リーマンはなぜこのような定義を選んだのでしょうか。

まず「変化量の微分」というものの意味を明らかにしなければなりません。実変化量、すなわち実数値のみしか取らない変化量に限定するとき、この問題の考察は微積分の形成史の全体を回想することとほとんど同じ意味になります。ライプニッツとベルヌーイ兄弟（兄のヤコブと弟のヨハン）は変化量の微分を語りましたが、そのねらいは曲線を理解することであり、全体として曲線の理論の範疇において諒解されています。ヨハンの講義録に基づいて刊行されたマルキ・ド・ロピタル（ロピタル公爵）の著作『曲線の理解のための無限小解析』（一六九六年）の書名に、この時期に誕生した微積分（「無限解析」と呼ばれていました）の本性がはっきりと語られています。

曲線を離れて抽象的な視点に立って変化量とその微分を語ったのはオイラーで、今日の解析学はオイラーとともに歩みを運び始めます。オイラーは実変化量zに対してその微分dzを計算する規則を規定し、二つの実変化量z、wの微分dz、dwの比$\frac{dw}{dz}$の数値に着目しました（ただし、変化量の微分の計算が実際に遂行されたのは、比較的簡単な形の式の形で与えられた場合に限られています）。この比の数値が存在しないことはありえますが、存在する場合には、比の数値がdzに依存してさまざまに変動するなどということはありえません。ですが、zとwが複素変化量の場合には、そのような現象が実際に起りえます。リーマンはそこに実変化量の関数と複素変化量の関数の本質的な差異を見て、「比$\dfrac{dw}{dz}$の数値がdzに依存せずに確定すること」を、wがzの関数であるための条件として課したのでした。

「関数」の解析性の発見(2)――コーシー

リーマンは複素変数関数の解析性を微分可能性を通じて把握しようとしたのですが、この意図の実現をはかるために微分と微分の商を考察するというのはオイラーに由来する流儀であり、今日ではもう見られません（column27参照）。微分は無限小変化量、すなわちつねに無限小の値を取りながら変化する量であり、無限小量の実体は何かといえば0そのものです。無限小量というのはどのような量よりも小さい量のことですから、大きさはなく、0というほかはありません。それゆえ、微分商は「0を0で割るときに生じる量」であることになってしまい、意味のない記号です。ところが、オイラーは解析学三部作の第二作『微分計算教程』の緒言において、「0を0で割ると有限の数値をもつことがあり、われわれはその数値に関心を寄せているのだ」と堂々と宣言し、「0を0で割るときの商」の計算法を平然と繰り広げました。およそ関数はことごとくみな微分可能であると思いなしているかのような姿勢であり、諸状況をなるべく一般的な視点から観察しようとする今日の目にはいくぶん奇異に映じます。無限解析という名の微積分の建設をめざすオイラーにとっては当然のことで、微分可能ではない関数を考えなければならない理由はオイラーにはありません。

オイラーにとって関数の微分可能性を問う問いは問題になりえません。関数概念が極端に一般化されて第二、第三の関数を相手にしなければならなくなると微分商の構成に明証性が失われてしまいますので、そのときはじめて微分可能性の概念規定の問題が浮かび上がり、微分可能性を語る適切な文言を工夫することが要請されます。コーシーはこの課題に応じ、極限の概念を根底に据えるという方針を採用しました。これを言い換えると、関数の微分可能性を定義しようとして、微分と微分の比の構成を考える代わりに平均変化率の極限の存在の有無を問題にしたということにほかなりません。この流儀なら実変数関数に限らず複素変数関数に対してもまったく同じ形の定義を書くことが可能になり、「コーシー=リーマンの方程式」もそこから導かれます(column28参照)。

コーシーが実変数関数の微分可能性の定義を書いたのは『無限小計算に関して王立理工科学校で行われた講義の要約』という著作においてでした。この著作が刊行されたのは一八二三年です。ところが複素変数関数を対象にして同じ形で微分可能性の定義を書いたのは一八五一年の論文「虚変数の関数について」においてのことで、この間に二十八年という歳月が流れています。同じ一八五一年の十二月に学位論文をゲッチンゲン大学に提出したリーマンがコーシーの著作や論文を知らなかったとは思えませんが、リーマンは複素変数関数論の建設にあたってコーシーの流儀を採らず、オイラーにならって微分商の挙動を観察しました。微分可能性の考察の場において、実関数と複素関数の差異の本質が露わになる道を選んだのであろうと思いま

●column28●コーシーによる関数の微分可能性の定義

今日の語法では、変数 x の関数 $y = f(x)$ が a において微分可能というのは、極限値

$$\lim_{h \to 0} \frac{f(a+h)-f(a)}{h}$$

が存在することを意味しています。ここに現れる商 $\frac{f(a+h)-f(a)}{h}$ には a と $a+h$ の間の平均変化率という呼称がぴったりあてはまります。コーシーは関数の微分可能性をこのような文言で言い表しました。x に実変数でも複素変数でもどちらでもよく、まったく同じ言葉で微分可能性が語られるのですが、複素変数の場合には微分可能性からおのずと「コーシー=リーマンの方程式」が導出されます。

す。コーシーの流儀で複素変数関数の微分可能性を表明すると、実変数関数の場合とまったく同じ形式であることに妨げられて、両者の相違がかえってわかりにくくなっています。これに対し、リーマンが書いた微分商の計算式を見ると差異の所在は一目瞭然です。

論理的な視点に立てば、リーマンの条件はコーシー=リーマンの偏微分方程式を満たすということと同等になりますが、リーマンはあくまでもオイラーに淵源する無限解析の伝統の延長線上において複素解析を構築しようとしたのでした。卓抜な洞察が示されたというほかはなく、リーマンの心情に生起したあれこれを理解し、共鳴し、共感するには、デカルトからライプニッツ、ベルヌーイ兄弟にいたる「曲線の理論」とオイラーの無限解析に前もって通暁しておかなければならないと

ころです。ここにもまた気の遠くなるような営為が存在します。リーマン以前の長大な数学の流れがみなリーマンに流れ込み、統合されてまとまりのある理論が形成される様子がうかがわれます。

ヴァイエルシュトラスの解析的形成体

複素変数関数論の形成の場におけるコーシーとリーマンの関係。それに、解析関数の概念の提示の歴史的経緯。ここまでのところでリーマンのアーベル関数論の解明のために不可欠の営為を二つまで書き並べてきましたが、なおもうひとつの重要な論点が残されています。それは、解析関数のもっとも本質的な属性は**解析接続**という現象に現れている、という一事です。この現象があるために、解析関数を考える場を関数に先立って任意に指定することが無意味になってしまいます。関数を考える場は関数の属性としておのずと確定します。関数が先で場所は後になるのであり、ここにもまた実関数との根本的な相違が観察されます。ですが、場所が未確定の状態で先に関数を与えるというのは、具体的にはどのようにすればよいのでしょうか。深い思索を誘われる課題がこうして出現します。

この問題を考えていくうえで、もうひとつの不可避の問題が存在します。それは関数の多価性の問題です。実変数関数の場合にはオイラー、ラグランジュに続いてフーリエが現れて、「熱の解析的理論」（一八二二年）において「完全に任意の関数をフーリエ級数に展開することができる」と宣言し、証明のスケッチさえ書き留めました。今日の実解析の泉となる運命を背負うことになった不思議な言葉です。

「関数とは何か」という問いとの関連において大きな問題となるのはフーリエのいう「完全に任意の関数」というものの正体です。フーリエはこれを任意に描かれた曲線の観察を通じて認識し、関数の任意性を曲線の任意性に転嫁するという姿勢を明らかにしました。ディリクレはなお一歩を進めて視点を変換し、一八三七年の論文「完全に任意の関数の、正弦級数と余弦級数による表示について」において曲線とは無関係に関数概念を提示しました。それは変化量と変化量の間の「一価対応」という関数で、今日でもそのまま受け入れられています。曲線から関数を取り出すのではなく、逆に関数が曲線を生成し、「対応」の任意性が曲線の任意性を支えています。

ディリクレが提案した関数概念はオイラーの第三の関数と同じアイデアに基づいています。オイラーは関数に一価性を要請することはなく、多価性も許容しましたが、その理由は代数関数にありました。オイラーの関数概念が曲線を関数のグラフとして把握しようとするアイデアから生れたことは既述のとおりで、代数関数は代数的な曲線に対応する関数として諒解されました。変化量と定量を用いて組み立てられる解析的表示式（オイラーの第一の関数）というものの原型は代数的表示式の形で現れる代数関数であり、そこに「冪根を取る」という操作が介在する以上、代数関数は必然的に多価関数になります。アーベル関数論の主役の位置を占めるのは代数関数であり、必然的に多価関数です。そのうえ、アーベル積分、すなわち代数関数の積分を作れば、無限多価関数さえたちまち出現します。他方、ディリクレが関数に一価性を要請したのは関数のフーリエ級数展開が念頭にあったからでした。フーリエ級数で表される関数は必然的に一価ですから、フーリエ級数に展開されうる関数を考察するうえで多価関数ははじめから取り上げる必要がないことになります。関数概念の提案に際し、ディリクレはオイラーの第三の関数を継承しながらも、一価性という新たな視点を付け加えました。リーマンもまたディリクレの提案を踏襲し、関数に一価性を要請しています。

解析的表示式と「一価対応」がぶつかり合う状況がここに現れています。この対立を止揚して一般に解析関数、わけても代数関数というものの全体像を描写するにはどうしたらよいのでしょうか。この困難な問いに対し、ヴァイエルシュトラスは収束する無限冪級数 $P(z; a)$（複素平面上の点 a を中心とし、正の収束半径をもつ冪級数）から出発して**解析的形成体**を構成するという道を選びました。収束冪級数に対して狭義および広義の解析接続を可能な限りどこまでも継続して無限冪級数の集合体を作るのですが、それが解析的形成体です。広義の解析接続というものを考えるのはなぜかというと、代数関数に必然的に随伴する非本質的特異点（「極」と呼ばれています）と分岐点を排除しないための工夫です。

解析的形成体は幾何学的な形状を備えていて、一個の曲面のようであるとともに、その上の各点（その実体は狭義もしくは広義の関数要素です）に対して一個の複素数値（関数要素の定数項）が対応しますから一価関数そのもののようにも見えて、そのうえその対応の仕方にはコーシーもしくはリーマンの意味における解析性が備わっています。これを言い換えると、解析的なディリクレの関数が把握されたということになりそうですが、非本質的特異点が分布しているために、そのように断言するのははばかられます。なぜなら、解析的形成体の点に該当する関数要素が非本質的特異点をもつ場合には、対応する数値は存在しないからです。

解析的形成体はヴァイエルシュトラスのいう解析関数です。出発点において与えられた関数要素は一個の解析関数の断片であり、解析関数の全体像を認識するための手掛かりにすぎません。解析的形成体を先天的に語る言葉を考案すれば表現の簡易化は可能になりそうですが、それでも実変数関数と比べてヴァイエルシュトラスの解析関数の印象はいかにも謎めいています。解析関数の中でも特に代数関数に限定して考察するというのであれば、一般の解析的形成体に代って**代数的形成体**が現れます。ヴァイエルシュトラスの全集は全七巻で編成されています。そのうち第四巻は全体がアーベル関数論にあてられていて、代数的形成体の概念はそこに登場し、詳細に語られています。

ヴァイエルシュトラスの解析関数はオイラーが提示した三種類の関数のどれとも違う新たな関数です。あえて言うならば、もっともよく似ているのは第一の関数、すなわち解析的表示式であろうと思います。

リーマン面とは

解析的形成体という名の解析関数は「関数を考える場所」と「その場所の各点に複素数値が対応するという機能」が渾然として一体となって形成されています。ただし、非本質的特異点という、「対応する数値が存在しない点」が分布しているために、この関数をディリクレの意味での関数とみなすことはできません。この状況を指して、ひとまず**有理型関数**という言葉を採用する流儀も行われています。

リーマンは「場所」と「関数」を区分けして、出発点においてリーマン面の概念を提示するという方針を打ち出しました。リーマン自身は単に「面」と呼んでいるばかりですが、リーマンのいう「面」は複素平面の上に幾重にも重なり合って広がっています。完全に任意の面を考えるというのではなく、「相互に重なり合う面分は線分に沿って合流することはない」という条件が課され、その結果、「面の折れ曲がり」や「相互に重なり合ういくつかの面分への分割」は起りえないとリーマンは説明を加えました。

リーマン面は局所的に見ると複素平面の領域と同一視され、関数の解析性は局所的な観念ですから、リーマン面上の複素数値関数について解析性を考えることが可能です。そこでリーマンは、リーマン面上の複素数値関数のうち、解析的で、しかも一価であるものを関数と呼ぶという構えを取りました。この立場に立って代数関数を観察すると、個々の代数関数にはそれを

Für die folgenden Betrachtungen beschränken wir die Veränderlichkeit der Grössen x, y auf ein endliches Gebiet, indem wir als Ort des Punktes O nicht mehr die Ebene A selbst, sondern eine über dieselbe ausgebreitete Fläche T betrachten.

リーマン面．第 5 条の冒頭部分．“wir als Ort des Punktes *O* nicht mehr die Ebene *A* selbst, sondern eine über dieselbe ausgebreitete Fläche *T* betrachten”（点 *O* の場所として平面 *A* 自身ではなく，その上に広がる面を考える）と記されている．*A* はガウス平面．*O* は複素数 $z = x + yi$ $(i = \sqrt{-1})$ に対応する *A* 上の点．

定める場所という意味においてリーマン面が伴っています。そのリーマン面は境界点をもたないという意味において閉じていて、しかもそこには非本質的特異点が分布していますが、本質的特異点（真性特異点と呼ばれることもあります）の姿は見あたりません。そこで、**代数関数とは閉じたリーマン面上の本質的特異点をもたない一価解析関数である**と見るのがリーマンの立場です。

関数が定義される場所を大きく拡大して一価性と解析性をともに確保するというところにリーマンのアイデアの真意が認められ、特異点にまつわる論点を別にすれば実変数関数の場合のディリクレの関数概念ともよく調和が保たれています。では、リーマンはリーマン面のアイデアをどのようにして手に入れたのでしょうか。リーマンのアーベル関数論の謎のひとつがここにも潜んでいます。

リーマン面は複素平面の上に広がる曲面であり、曲面のことなら即座に想起されるのはガウスの曲面論です。では、複素平面とは何でしょうか。

複素変化量にはありとあらゆる複素数値が内包されています。一本の無限直線が引かれた平面を用意しておくと、個々の複素数に平面上

Sicuti omnis quantitas realis per partem rectae vtrinque infinitae ab initio arbitrario sumendam, et secundum segmentum arbitrarium pro vnitate acceptum aestimandam exprimi, adeoque per punctum alterum repraesentari potest, ita vt puncta ab altera initii plaga quantitates positiuas, ab altera negatiuas repraesentent: ita quaeuis quantitas complexa repraesentari poterit per aliquod punctum in plano infinito, in quo recta determinata ad quantitates reales refertur, scilicet quantitas complexa $x + iy$ per punctum, cuius abscissa $= x$, ordinata (ab altera lineae abscissarum plaga positiue ab altera negatiue sumta) $= y$.

ガウス平面．ガウス「4次剰余の理論 第2論文」（1832年）より．第38条の5行目から6行目にかけて，“quacuis quantitas complexa repraesentari poterit per aliquod punctum in plano infinito”（各々の複素量は無限平面上の点により表示される）と記されている．

の一点が対応し、複素数の全体は平面そのものと同一視されます。この同一視が行われたとき、幾何学的平面は複素平面という名の平面に転化します。複素平面はガウス平面と呼ばれることもあります。この呼称が示唆しているように、複素平面のアイデアはガウスに由来します。ところがガウスがこのアイデアを表明したのは「四次剰余の理論」の第二論文においてのことでした。真に瞠目に値するのはこの事実です。

　複素変化量の変域を複素数域からリーマン面に移す過程は自然とは言えませんし、どうしてそのようなことができたのだろうというのは長年の疑問でした。何の準備もなしにいきなりリーマン面に移るのはやはり無理で、リーマンはひとまず複素平面に移行するという手続きを踏みました。複素平面からリーマン面に移るところはリーマンに独自のアイデアですが、それを可能にしたのは複素平面のアイデアであり、リーマンはこれをガウスに学んだのでした。リーマン面のアイデアの基礎にガウスの数論が横たわっているとは思いもよらない出来事で、リーマンとガウスの論文を読んではじめてこの間の事情が氷解しました。

アーベル関数論とは何か

リーマンが学位論文において一複素変数関数論の基礎理論を展開したのは、その土台の上にアーベル関数論を構築するためでした。アーベル関数論は代数関数論の別名であり、その場合の代数関数は（多変数ではなく）一変数の代数関数です。その代数関数論をアーベル関数論という不思議な名で呼ぶのはなぜなのでしょうか。

代数関数論では代数関数の積分が主役を演じます。この方面の開拓に先鞭をつけて大きく寄与したのはアーベルですので、今日ではアーベルにちなんでアーベル積分という呼称が定着しました。それならリーマンの論文の表題「アーベル関数の理論」に見られるアーベル関数とは何かというと、今日のアーベル積分を指しています。リーマンのいうアーベル関数、すなわちアーベル積分とは別のアーベル関数という名の関数も存在し、全複素平面において定義されて二重周期をもつ有理型関数に対してその名が与えられています。この意味でのアーベル関数はヤコビの逆問題という代数関数論の主問題の解決の中から摘まれた果実です。

ヤコビの逆問題というのは、非常におおまかに言うとアーベル積分の逆関数の存在を確信してその姿を明るみに出そうとする問題ですので、リーマンは「ヤコビの逆関数」と呼んでいました。ヤコビの逆問題を提唱したヤコビ自身はすでにアーベル関数という言葉を用いていましたが、ヤコビの逆問題をめぐる思索がだんだん深まっていくにつれて、ヤコビとはいくぶん異なる意味でアーベル関数という言葉が用いられるようになり、それに伴ってリーマンのいうアーベル関数はアーベル積分と呼ばれるようになりました。このようなわけで一変数代数関数論と「リーマンのアーベル関数論」は同じものです。

代数関数に先立ってデカルトの代数曲線論があり、代数曲線を代数関数のグラフと見るというオイラーのアイデアに誘われて代数関数論の歩みが始まりました。代数関数論の特別の場合は楕円関数論になり、その延長線上に一般のアーベル関数論の世界が広がっています。この理論に携わった人びとの名を回想すると、まずオイラー、ランデン、ラグランジュ、ルジャンドル、アーベル、ヤコビと続いて楕円関数論の建設が進みます。この流れの中では実はガウスの名も一段と高く響いてアーベルの耳に届き、多大な影響を及ぼしています。

楕円関数論の次にアーベル、ヤコビ、ゲーペル、ローゼンハイン、ヴァイエルシュトラス、リーマンと一系の人びとの名が現れて、アーベル関数論の世界が眼前に広がります。十九世紀の西欧の華麗な数学の花園の中でも飛び切り見事な大輪が開花したのでした。ここまでの道のりを振り返ると、虚量の導入、複素変数関数論、関数概念の発生と変遷、ガウスの曲面論、変分法におけるディリクレの原理、楕円関数論の形成など、数学史に現れた幾筋もの流れがリーマンに流入しています。リーマン以降の数学の姿もまためざましく、リーマンが泉となって、そこからイタリア学派の代数曲線論と代数曲面論、両者を包括する高次元代数幾何学、代数関数体の代数的理論、アーベル関数論、多変数関数論などの大きな理論が流出して二十世紀の数学の大きな部分を作ることになりました。この意味においてリーマンのアーベル関数論は西欧近代の数学の結節点でありえています。

いったいどのような理論なのだろうと前々から関心を寄せ、深く知りたいと念願してワイルの『リーマン面のイデー』（一九一三年）や岩澤健吉『代数函数論』（一九五二年）などを手にしたのですが、なぜかしら主題を把握することができませんでした。古典を読まなければならないと思うようになったのはそのためで、リーマンにいたる数学の流れに追随する決意を新たにしてアーベルやヤコビの論文を読み始めたところ、代数関数論もしくはアーベル関数論の主題は「ヤコビの逆問題の解決」であることが諒解されるようになりました。

ヤコビの逆問題の由来

「ヤコビの逆問題」という、ヤコビの名を冠する呼称に明示されているように、この問題を提唱したのはヤコビです。では、ヤコビはどこからこの問題を採取したのでしょうか。まずはじめに考えなければならないのはこの論点です。これについてはヤコビ自身が幾篇かの論文の中で諸事情を率直に語っていますので、ヤコビの論文を読むと即座に諒解されました。ヤコビの逆問題の住処《すみか》は「アーベルの加法定理」です。だれの目にも明らかな形でひそんでいるわけではなく、ヘルマン・ワイルの著作『リーマン面のイデー』の緒言に見られる美しい比喩になららなら、ヤコビは「アーベルの加法定理」の観察を通じて、さながら**海のなかから真珠を採るように、**ヤコビの逆問題の造形に成功したのでした。ヤコビのしたことは、多変数関数論の場において、ハルトークスの連続性定理のなかから領域の擬凸性の概念を取り出した岡潔先生ととてもよく似ています。

次に引くのはヤコビの論文「アーベル的超越物の一般的考察」（一八三二年）に散りばめられている言葉ですが、これらの断片を一瞥するだけでヤコビの数学的意図の所在が手に取るように伝わってきます。

われわれが語ったオイラーの定理は、アーベルの手で、楕円積分では次数が4になるだけにすぎなかった関数Xが、xの任意の有理整関数であるという、およそ可能な限りのあらゆる拡張された場合へと、驚くべき仕方で押し広げられた。

この言葉では、アーベルこそ、楕円積分を越えて超楕円積分の世界へと踏み分けていった最初の人であったことが指摘されています。

(楕円積分よりも）いっそう一般的な場合に、その逆関数がアーベルの超越物である関数はどのようなものであり、アーベルの定理はそのような関数をどんなふうに知覚するのだろうかと問い掛けたいと思う。

「アーベルの超越物」は今日のアーベル積分です。ヤコビの念頭にあったのはもう少し具体的に超楕円積分でした。「その逆関数がアーベルの超越物である関数」というのは超楕円積分の逆関数のことで、それはどのようなものかとヤコビはみずからに問い掛けています。しかもその逆関数はアーベルの定理と不可分に結ばれているはずであることも自覚されていて、アーベルの定理の立場に立って逆関数に視線を向けたならどのような光景が目に映じるだろうという関心も明確に表明されています。

本書ではすでに代数方程式論の「不可能の証明」を指して「アーベルの定理」と呼びましたので、ここでまた同じ呼称を採用すると混乱が生じる恐れがあります。ヤコビのいうアーベルの定理は、その内容を見ると加法定理という呼称に相応しい形態を備えています。そこで楕円関数論の場でのアーベルの定理のことは、これまでもそうしてきたように、言葉を補って「アーベルの加法定理」と呼ぶことにしたいと思います。

アーベルの定理がその代数的完全積分を与えるような微分方程式はどのようなものかと問いたいと思う。

アーベル積分の加法定理を微分方程式論の視点に立って諒解しようとする姿勢が、ここにはっきりと現れています。

ヤコビがヤコビの逆問題を解くことによって知りたかったのは、ある種の変数分離型微分方程式系の代数的積分でした。これまでに挙げた事例を回想すると、二つの対数積分の和は一個の対数積分と等値されます。この事実は対数積分の逆関数、すなわち指数関数に移ると加法定理の形で言い表され、加法定理を書き下して生じる代数方程式はそのままですでにある型の微分方程式の完全代数的積分を与えています。円積分や楕円積分の場合にも類似の現象が観察されました。**アーベル積分の逆関数の名に値する何らかの関数が存在すること、その逆関数はアーベルが発見した加法定理を満たすこと、しかもその加法定理を表示する代数方程式は何らかの微分方程式系の完全代数的積分を与えている**という光景の出現を、ヤコビは期待したのでした。

第一の目標は逆関数を見つけることでした。ヤコビは論文「アーベル的超越物の理論が依拠する二個の変化量の四重周期関数について」(一八三五年)において、逆関数を見つけようとしてたいへんな苦心を払ったおりの心情をありのままに伝えています。超楕円積分の中でももっとも簡単な形の積分を取り上げて、楕円積分の場合にそうしたように、その逆関数を考察したところ、首尾よく四個の周期が見つかりました。四個のうち二個は実周期、他の二個は純虚周期です。ところが二個の実周期は相互に「通約不能」ですので、それらを一個の実周期に帰着させることはできず、まさしくそれゆえに、それらを用いるとどれほどでも小さな実周期を作ることができます。同様に、二個の純虚周期もまた通約不能であり、それらを用いて（純虚周期の大きさというのは絶対値の大きさのこととして）どれほどでも小さな純虚周期を作ることができます。この異様な状況を目の当りにしたヤコビは、このような関数を「解析的な関数と考えることはできないのは明らかである」と判断し、打ち捨ててしまいました。対数積分、円積分、それに楕円積分との類比をたどる道はここで途絶えました（ｃｏｌｕｍｎ29参照）。

ヤコビの落胆はきわめて大きく、**ほとんど絶望的な状況**（ヤコビの言葉）と慨嘆するほどだったのですが、ここにおいて「幸にも」（同上）新たな道が発見されて、絶望を乗り越えて前に進むことができるようになりました。アーベル関数論の場において、ヤコビの創意が最高に発揮されたのはこの場面です（ｃｏｌｕｍｎ30参照）。

ヤコビが発見した道は連立積分方程式を立てることで、もっとも簡単な形の超楕円積分を対象にしてこれを実行すると、複素二変数の四重周期関数が見出されることにヤコビは気づいたのでした。どれほどでも小さな周期をもつなどという異様な現象はこの関数にはもう見られませんが、一価性は失われ、一価関数を係数にもつ二次の代数方程式の根として把握されます。この関数こそ、三角関数と楕円関数の真の類似物とみなされるべきものでした。ヤコビはこの新たに発見された関数を**アーベル関数**と名づけました。今日の数学の語法ではアーベル関数という呼称は多重周期をもつ多変数の一価有理型関数（nは自然数として、n個の複素変数の全

$$\lambda(u+2u_2)=\lambda(u),\qquad \lambda(u+2u_3\sqrt{-1})=\lambda(u),$$
$$\lambda(u+2u_4)=\lambda(u),\qquad \lambda(u+2u_5\sqrt{-1})=\lambda(u),$$
$$\lambda(u+2u_6)=\lambda(u)$$

が成立します。これで関数 $\lambda(u)$ は 3 個の実周期 $2u_2, 2u_4, 2u_6$ と 3 個の虚周期 $2u_1\sqrt{-1}, 2u_3\sqrt{-1}, 2u_5\sqrt{-1}$ をもつことがわかりました。ところが、これもヤコビが明示していることですが、これらの周期の間に二つの関係式

$$u_1+u_5=u_3,\qquad u_2+u_6=u_4$$

が成立しますから、独立した周期の個数は 2 個減少して 4 個になります。二つは実周期、他の二つは純虚周期。それらを

$$2u_2, 2u_6\ (\text{実周期})\quad \text{および}\quad 2u_1\sqrt{-1}, 2u_5\sqrt{-1}\ \ (\text{純虚周期})$$

とすると、u_2 と u_6 は互いに通約不能（inter se incommensurabiles）です。言い換えると、これらの 2 個の実周期を 1 個の実周期に帰着させることはできません。同様に、$u_1\sqrt{-1}$ と $u_5\sqrt{-1}$ もまた互いに通約不能（inter se incommensurabiles）であり、これらの二つの虚周期を 1 個の虚周期に帰着させるのは不可能です。

こんなふうに考察を重ねていって首尾よく 4 重周期関数が確定したように思えるのですが、二つの実周期 $2u_2, 2u_6$ が通約不能であるという、まさしくその事実に基づいて、これらを用いて、あらかじめ与えられたどれほど小さな量よりも小さな実周期 $\triangle$ を作ることができます。また、二つの純虚周期 $u_1\sqrt{-1}$ と $u_5\sqrt{-1}$ を用いて、あらかじめ与えられたどれほど小さな量よりも小さな純虚周期 $\triangle'\sqrt{-1}$ を作ることができます。

ヤコビはこのように状況を観察して、「x を u の解析的な関数（functio analytica）と考えることはできないのは明らかである」という判断に傾きました。

ヤコビはこの逆関数をこれ以上考える気持ちになれずに行き詰まったのです。（column30に続く）

●column29● ヤコビの絶望と発見(1)

ヤコビがまずはじめに考察したのは超楕円積分

$$u=\int_0^x \frac{(\alpha+\beta x)dx}{\sqrt{X}} \qquad (X\text{は 5 次もしくは 6 次の多項式})$$

の逆関数 $x=\lambda(u)$ です。ここで、多項式 X の形をもう少し特定し、κ, λ, μ は不等式 $1>\kappa^2>\lambda^2>\mu^2$ を満たす実数として、5 次多項式

$$X=x(1-x)(1-\kappa^2x)(1-\lambda^2x)(1-\mu^2x)$$

を定めました。定数

$$u_1=\int_{-\infty}^0 \frac{(\alpha+\beta x)dx}{\sqrt{-X}}$$

を作ると、等式

$$\lambda(u+2u_1\sqrt{-1})=\lambda(u)$$

が成立しますから、$2u_1\sqrt{-1}$ は関数 $\lambda(u)$ の周期です。同様に、

$$u_2=\int_0^1 \frac{(\alpha+\beta x)dx}{\sqrt{X}}, \qquad u_3=\int_1^{\frac{1}{\kappa^2}} \frac{(\alpha+\beta x)dx}{\sqrt{-X}},$$

$$u_4=\int_{\frac{1}{\kappa^2}}^{\frac{1}{\lambda^2}} \frac{(\alpha+\beta x)dx}{\sqrt{X}}, \qquad u_5=\int_{\frac{1}{\lambda^2}}^{\frac{1}{\mu^2}} \frac{(\alpha+\beta x)dx}{\sqrt{-X}},$$

$$u_6=\int_{\frac{1}{\mu^2}}^{\infty} \frac{(\alpha+\beta x)dx}{\sqrt{X}}$$

と置くと、等式↗

At, quod feliciter evenit in hac quasi desperatione, ratio singularis, quam in commentatione anteriore, (Diar. *Crell.* V. IX. pg. 394. sqq.) a longe aliis considerationibus profecti explicuimus, qua unica, nostra sententia, transcendentes Abelianas in analysin introducere convenit, et hic difficultates amovet, quae e multiplicitate valorum integralis oriuntur. Rem, levi mutatione facta, paucis repetam.

ヤコビ「アーベル的超越物が依拠する 2 個の変化量の 4 重周期関数について」『クレルレの数学誌』, 第13巻, 1835年. 1 行目から 2 行目にかけて, “quod feliciter evenit in hac quasi desperatione”（このほとんど絶望的な状勢において幸いにも生起する事柄）と記されている.

て定義されて、本質的特異点（真性特異点とも呼ばれています）をもたず、4重周期をもつ1価解析関数です。本質的特異点をもちませんが、非本質的特異点（極と呼ばれることもあります）は存在し、今日の語法では有理型関数という言葉が該当します。

ヴァイエルシュトラスはヤコビのいうアーベル関数の満たす二次方程式の係数のほうに着目し、それをアーベル関数と命名しました。ヤコビの語法とは異なっていますが、今日の語法にはヴァイエルシュトラスの提案が踏襲されています。

空間上の本質的特異点をもたない一価解析関数で $2n$ 重周期をもつもの。$n=1$ の場合のアーベル関数は楕円関数）に割り当てられていますので、ここではこのヤコビが発見した関数のことを**ヤコビ関数**と呼びたいと思います。

形式的に考えると今日の語法でのアーベル関数もヤコビ関数もどちらも楕円関数の一般化のように見えますが、ヤコビ自身が発見したと確信したのはヤコビ関数のほうであり、今日の語法でのアーベル関数ではありません。ヤコビに教えられてはじめてこの間の事情が飲み込めました。実際にヤコビの諸論文を読むまでは、ヤコビのいうアーベル関数が実はヤコビ関数を指しているとは思いもよらない出来事だったのであり、古典もしくは原典を読むことの意味をしみじみと感じます。

ヤコビ関数の存在領域は、今日の語法でのアーベル関数の存在領域を（これも今日の語法ですが）アーベル多様体と見ると、アーベル多様体上に広がる多葉領域であ

● column30 ● ヤコビの絶望と発見(2)

このほとんど絶望的な状勢において幸いにも生起する事柄（quod feliciter evenit in hac quasi desperatione）（ヤコビの論文「アーベル的超越物の理論が依拠する二個の変化量の四重周期関数について」より）に出会い、窮地を脱することができました。単独の超楕円積分の逆関数を考えるのではなく、与えられた u, u' に対して連立方程式

$$\int_a^x \frac{(\alpha+\beta x)dx}{\sqrt{X}} + \int_b^y \frac{(\alpha+\beta x)dx}{\sqrt{X}} = u$$

$$\int_a^x \frac{(\alpha'+\beta' x)dx}{\sqrt{X}} + \int_b^y \frac{(\alpha'+\beta' x)dx}{\sqrt{X}} = u'$$

（定数 $\alpha, \alpha', \beta, \beta'$ は二つの積分 $\int \frac{\alpha+\beta x}{\sqrt{X}}dx, \int \frac{\alpha'+\beta' x}{\sqrt{X}}dx$ が 1 次独立になるように選択します。X は x の 5 次または 6 次の多項式）

を立て、x と y を 2 変数 u, u' の関数

$$x = \lambda(u, u'), \qquad y = \lambda'(u, u')$$

として把握しようとしたところに、ヤコビを絶望の淵から救った創意が現れています。ヤコビはこの二つの関数を**アーベル関数**と名づけました。

$x = \lambda(u, u')$ と $y = \lambda'(u, u')$ は異なる二つの関数のように見えますが、実は無関係ではなく、u と u' の一価関数を係数にもつ同一の 2 次方程式を満たします。ヤコビにならって、その方程式を

$$At^2 + Bt + C = 0$$

と表記すると、二つの関数 $x = \lambda(u, u'), y = \lambda'(u, u')$ の基本対称式

$$x+y = -\frac{B}{A}, \qquad xy = \frac{C}{A}$$

は 1 価関数ですが、そればかりではなく 4 重周期関数になります。複素変数関数論の言葉を適用すると、2 個の複素変数 u, u' の空間の全域におい

り、そこには分岐点もまた存在します。岡潔先生の多変数関数論の語法でいうと、アーベル多様体上の内分岐領域であり、ヤコビ関数はその領域上の非本質的特異点をもたない解析関数です。アーベルの加法定理を見るヤコビの目の働きの中から、いかにも不思議な多変数解析関数がこうして認識されました。

ヤコビ関数の等分理論

楕円関数論には変換理論と等分理論という二本の柱が存在します。ヤコビ関数論において楕円関数論の変換理論に相当するのは微分方程式論です。また、楕円関数に対して等分理論が成立するのと同様に、ヤコビ関数に対しても等分理論が考えられます。ヤコビはこの理論もすでに手掛けていたようで、ヤコビの論文「アーベル的超越物の理論が依拠する二個の変化量の四重周期関数について」にはヤコビ関数の等分方程式の代数的可解性に関していくつかの命題が並んでいます。ただし証明は書かれていません。エルミートもまたヤコビに追随してヤコビが書き並べた命題の証明を試みました。

ヤコビ関数の等分理論の構築は数学の将来に託された課題です。アーベルによる楕円関数の等分理論が虚数乗法論（楕円関数の周期等分方程式の代数的可能性を、虚数等分方程式の考察を基礎にして確立しようとする理論）の形成を誘ったように、ヤコビ関数の等分理論は何らかの意味において一般化された虚数乗法論の形成を促して、ヒルベルトの第十二問題の考察にあたって有力な示唆をもたらしてくれる可能性を秘めています。この論点についてはヴァイエルシュトラスもリーマンも言及していませんし、ヤコビの論文を読んではじめて知って、認識を新たにしたものでした。ヤコビがアーベル関数と呼んだものの実体はヤコビ関数であったこと、そのヤコビ関数の等分理論への第一着手がすでに現れていたことを知りえたのは、アーベル関数論に関する諸文献の解読を通じてもっとも深い感銘を受けた出来事でした。

ヤコビと「アーベルの加法定理」との出会い

アーベルがパリに滞在中に書いた「パリの論文」（一八二六年）の表題は「ある非常に広範な超越関数族のひとつの一般的性質について」というのですが、この表題に記されている「ある非常に広範な超越関数」はアーベル積分を指し、「ひとつの一般的性質」というのはアーベル積分に対する加法定理を指しています。パリの科学アカデミーに提出されましたが、行方不明になり、アーベルの生前には公表にいたりませんでした。その後、しばらくして発見され、一八四一年にフランスの学術誌に掲載されました。

ヤコビの逆問題を提案した時期のヤコビは「パリの論文」を読むことはできませんでした。その代わりヤコビはアーベルのもうひとつの論文「ある種の超越関数の二、三の一般的性質に関する諸注意」（一八二八年。以下、「諸注意」と略称します）を見て、「パリの論文」の存在を知りました。この論文のテーマは超楕円積分を対象として「パリの論文」の加法定理を再現

*) J'ai presenté un mémoire sur ces fonctions à l'académie royale des sciences de Paris vers la fin de l'année 1826.
Note de l'auteur.

Crelle's Journal. III. Bd. 4. Hft. 41

アーベル「ある種の超越関数の二，三の一般的性質に関する諸注意」『クレルレの数学誌』第３巻，1828年，の脚註．「パリの論文」の存在が示唆された．

することで、対象の形態が限定されているために加法定理を語る文言はその分だけ精密さを増しています。

次に引くのは「序文」の一部です。ここには加法定理というものの姿形がくっきりと描写されています。

> ψxは最も一般的な楕円関数（註 当時の語法に沿って、今日の楕円積分が楕円関数と呼ばれています）を表すとしよう。すなわち
>
> $$\psi x = \int \frac{r dx}{\sqrt{R}}$$
>
> としよう。ここでrはxの任意の有理関数であり、Rは同じ変化量の４次を越えない整関数（註 高々次数４の多項式）である。
>
> このような関数には、周知のように、**任意個数のこれらの関数の和が、同じ形状の唯一の関数を用いて、ある種の代数・対数的表示式をそこに付け加えることにより書き表される**、という非常に注目すべき性質（註 これが加法定理です）が備わっている。
>
> 超越関数の理論において、幾何学者たちはこの形の関数に考察の範囲を限定してきたように思われる。だが、他の関数の作るある非常に広範な関数族に対してもなお、このような楕円関数の性質と類似の性質が認められる。

私は**何かある代数的微分式の積分**と見られる関数について語りたいと思う。楕円関数の場合におけるように、任意個数の与えられた関数の和を唯一の同種の関数を用いて書き表すことは不可能であるとしても、少なくとも、あらゆる場合において、そのような和を、まずはじめに与えられた諸関数と同じ性質をもつ一定個数の他の関数の和として、ある種の代数・対数的表示式をそこに付け加えることにより書き表すことができる。

「代数的微分式の積分」について語りたいという意志が明確に表明されていますが、ここに脚註が附され、

われわれはこの性質を、この雑誌（註『クレルレの数学誌』）のこれから刊行される諸巻の中で証明したいと思う。さしあたり私は楕円関数を包含するひとつの特別な場合、すなわち、式

$$\psi x = \int \frac{rdx}{\sqrt{R}}$$

ここでRは任意の整有理関数（註　多項式と同じ）、rは有理関数、に包含される関数の場合を考察する。

積分記号下の代数的微分式$\frac{rdx}{\sqrt{R}}$において、多項式Rには何の限定も課されていませんから、アーベルが取り上げたのは完全に一般的な超楕円積分です。

論文「諸注意」に寄せたアーベルの註記はもうひとつあります（二五四頁の図を参照）。それは、

> 私は一八二六年の終わりころ、パリ王立科学アカデミーに、このような関数に関する論文を提出した。

というもので、わずかな言葉ではありますが「パリの論文」の存在が示唆されました。ヤコビは論文「諸注意」を読んでアーベルの加法定理を知り、この脚註を見て「パリの論文」の存在を知り、ルジャンドルにも伝えました。

ルジャンドルはパリでアーベルに会ったことがありますし、アーベルが「パリの論文」を科学アカデミーに提出したことも承知していたのですが、いつのまにかすっかり忘れてしまったようでした。ヤコビの手紙に教えられてはじめてアーベルの加法定理の重要性に気づいたかのような態度を示し、一八三二年三月二十四日付でクレルレに宛てて書かれた手紙では「アーベルの美しい一定理」を話題にして、monumentum aere perennius（モヌメントゥム・アエレ・ペレッニウス）と、古代ローマの詩人ホラティウスの詩句の一片を引いて一転して賞讃しました。高木貞治先生の著作『近世数学史談』では、このラテン語は「金鉄よりも久しきに堪ゆる記念碑」と訳出されて紹介されています。典拠は古代ローマの詩人ホラティウスの詩集『カル

ミナ』の第三巻，第三十歌の冒頭の一文〝exegi monumentum aere perennius〟（エクセーギー・モヌメントゥム・アエレ・ペレッニウス。「私は青銅より長もちする記念碑を築いた」の意）です。ヤコビはクレルレの依頼を受けてルジャンドルの著作『楕円関数とオイラー積分概論——第三の補足』（一八三二年）の書評を書きましたが、アーベルの加法定理の印象がよほど深く心に刻まれたためか、書評の途中で加法定理に言及し、「この定理それ自体には、この並はずれた精神のもっとも美しい記念碑として、**アーベルの定理**という名が真に相応しい」と所見を書き添えました。その際、ルジャンドルのクレルレ宛書簡のこの一節を引用したのでした。書評の末尾に記入された日付は一八三二年四月二十二日。これがアーベルの定理という言葉の初出です。

アーベルの「パリの論文」からリーマンの「アーベル関数の理論」へ

アーベルの「パリの論文」は次のように書き出されています。

これまで幾何学者たちの手で考察されてきた超越関数はごくわずかである。超越関数に関するほとんどすべての理論は対数関数、指数関数、それに円関数の理論に帰着されるが、それらの関数は実際のところ、唯一の種類の関数族を形成するにすぎない。そのほかの二、三の関数の考察が始まったのはようやく最近のことである。それらの関数の間で筆頭に挙げられるのは、ルジャンドル氏が多くの注目に値するエレガントな性質を明らかにした楕円的超越物である。著者はアカデミーに提出する栄誉を担うこの論文において、非常に広い範囲に及ぶ関数の族、すなわち、**その微分**（註　原語はderivées）**がある同一の変化量の有理関数を係数とする代数方程式を用いて書き表される、という性質をもつすべての関数**を考察した。そうしてそのような関数を対象として、対数や楕円関数と類似の諸性質を発見した。

「その微分がある同一の変化量の有理関数を係数とする代数方程式を用いて書き表される」という性質をもつ関数というのはアーベル積分のことで、アーベルはここで楕円積分を一挙に越えて一般のアーベル積分の世界に分け入ろうとする姿勢を鮮明に打ち出しました。そうしてそのような関数に対して「対数や楕円関数と類似の諸性質」を発見したと告げられています。それが加法定理であり、リーマンのアーベル関数論の出発点になりました。ヤコビはアーベルの「諸注意」から出発してヤコビの逆問題の原型を造形しました。これを範として、リーマンは同じアーベルの「パリの論文」から出発し、かつてヤコビがたどったのと同じ道筋をたどろうとしたのでした。

アーベル関数論におけるヤコビとリーマンの関係は、多変数関数論におけるE・E・レビと岡潔先生の関係に似ています。アーベルに相当するのはハルトークスで、ハルトークスの逆問題はヤコビの逆問題に該当します。E・E・レビはハルトークスの逆問題のいわば雛形を作り、その雛形は「レビの問題」と呼ばれています。

リーマンのアーベル関数論は『ボルヒャルトの数学誌』の第五十四巻（一八五七年）に掲載された四篇の論文（第十一論文から第十四論文まで。二二二頁参照）において展開されました。はじめの三篇の論文は一八五一年の学位論文「一個の複素変化量の関数の一般理論の基礎」の要約で、第四番目の主論文「アーベル関数の理論」のための土台になっています。

アーベル関数論で主役を占めるのは代数関数とその積分ですから、一般的な視点に立ってヤコビの逆問題の解決をめざすには、代数関数とは何か、その積分とは何かという基本的な問いに答えることが要請されます。代数関数の変数の変域は複素数域であること、多価関数であること、分岐点をもつことを念頭に置かなければなりませんし、これに加えて無限遠における挙動にも留意する必要があります。リーマンとヴァイエルシュトラスはこの問いに対してそれぞれ閉じたリーマン面と代数的形成体をもって応じました。これに対応して、代数関数の積分を考える場もリーマン面もしくは代数的形成体へと移ります。

リーマンはアーベル関数論の土台を構築しなければならないという考えをはっきりともっていました。この点はヴァイエルシュトラスの場合も同様です。その土台とは何かというと複素変数関数論で、アーベル積分というものの姿を十全に把握するために不可欠の理論として認識されました。それ自体がすでに数学的創造の名に値する認識です。

次に引くのはリーマンの四論文のうち、四番目の第十四論文「アーベル関数の理論」の序文からの一文です。

これから叙述される論文において、私はアーベル関数をある方法に依拠して取り扱った。その方法の原理は私の学位論文において提起されたが、この論文では、いくぶん修正された形で描写される。

「学位論文」は「一個の複素変化量の関数の一般理論の基礎」を指し、アーベル関数を取り扱う「ある方法」というのは代数関数とその積分をリーマン面上で考察することを意味しています。

同じ第十四論文の第十四節の冒頭には、

私はヤコビの『クレルレの数学誌』、第九巻、第三十二論文、第八節にならって、微分方程式系を積分するために、アーベルの加法定理を利用したいと思う。

と、微分方程式系の積分の場においてアーベルの加法定理の果すべき役割が語られています。『クレルレの数学誌』の第九巻に掲載されたヤコビの論文というのは「アーベル的超越物の一般的考察」のことで、アーベルの加法定理を理解するうえでリーマンはヤコビを継承していることがはっきりとわかります。これに加えてヤコビの逆問題を解決して、アーベルの加法定理を支える「ヤコビの逆関数」（リーマンの言葉）が見出だされたなら、そのときヤコビが提示した原型の逆問題が大きく成長した姿が現れて、アーベル関数の理論は完成の域に達することが期待されます。まさしくそこにリーマンのねらいがありました。

西欧近代の数学の結節点

「アーベル関数論とは何か」という問いを立てて、リーマンのアーベル関数論の真意を理解するために不可欠と見られる事柄のあれこれを書き並べてここまでたどってきました。あらためて回想すると、リーマンは西欧近代の数学の結節点であることがつくづくと思われます。リーマン以前の数学の諸事象の中でリーマンのアーベル関数論に流入していったものを顧みると、真っ先に念頭に浮かぶのは、数学に虚量もしくは虚数を導入するという一事です。十六世紀のカルダノの時代に三次方程式の代数的解法が発見されたときにはすでに「還元不能の三次方程式」が出現しましたし、それからの経緯をたどると、デカルト、ライプニッツ、ベルヌーイ兄弟（兄のヤコブと弟のヨハン）、オイラー、ラグランジュ、ガウス、コーシーと長い歳月にわたって思索が重ねられていきました。ガウスは強固な自覚をもって数論の場を複素数域まで拡大し、アーベルもヤコビも第一種楕円積分の逆関数をあたりまえのことのように複素数域において考察したものでした。コーシーの留数解析は複素積分のアイデアを基礎にしています。これらのすべてが一八五一年のリーマンの学位論文「一個の複素変化量の関数の一般理論の基礎」に流れ込みました。

リーマンは複素変数関数論の展開に先立って、今日の「正則な解析関数」（高木貞治『解析概論』に見られる語法）を「関数」の名をもって規定しました。リーマンのいう「関数」の根底には関数の一般概念が横たわっています。関数の概念は十八世紀半ばのオイラーに始まり、ラグランジュ、コーシー、フーリエとたどってディリクレにいたりました。この間に出現したあらゆる思索がリーマンの「関数」の土台になっています。

アーベル関数の理論の場において重要なのは、リーマンの「関数」の中でもさらに特別の代数関数の概念です。代数関数の概念のはじまりはデカルトのいう幾何学的曲線、すなわちライプニッツのいう代数曲線にさかのぼりますが、オイラーは代数曲線をある特定の関数のグラフとして把握しようとするアイデアを提示し、その関数を代数関数と名づけました。代数関数は多価関数であり、そのうえ分岐点と非本質的特異点をもっています。無限遠における挙動も考慮にいれなければなりませんからディリクレの関数とはだいぶ様子が異なっています。ディリクレの関数概念を越えた場所において「代数関数とは何か」という問いに答えることが要請されるのに対し、リーマンがリーマン面のアイデアをもってこれに応じたのは既述のとおりです。複素変数関数をリーマン面という幾何学的な図形の場において考えていくというのは実に奇抜なアイデアですが、リーマンはこれをガウスの複素平面のアイデアと曲面論に学びました。リーマンのアイデアが有効に働くか否かを左右する鍵をにぎるのは、リーマン面という幾何学的な図形の上で複素変数関数論を作り出すことの成否ですが、リーマンはこれをディリクレに学んだ「ディリクレの原理」により遂行しました。ここにはオイラー以来の変分法の形成史が反映しています。

オイラーに始まりアーベルにいたる楕円関数論の形成史はアーベル関数論の原型となりました。当然のことながらリーマンはこれに精通し、楕円関数論の本来のねらいが変数分離型微分方程式の代数的積分の探索であることも承知していました。オイラーが発見した楕円関数の加法定理はアーベルの「パリの論文」に見られる「アーベル積分の加法定理」の雛形となり、アーベルの加法定理はヤコビが「ヤコビの逆問題」を造形する際のもっとも基本的な契機になりました。

虚数、関数、代数関数、複素平面、曲面論、変分法、楕円関数論、微分方程式論、アーベルの加法定理、それにヤコビの逆問題。これらのすべてが一堂に会してリーマンのアーベル関数論が成立しました。リーマンを経由して新たに出現した理論もまた多く、複素多様体論、多変数関数論、代数幾何学など、多岐にわたり、しかも相互に連繋しながら二十世紀の数学が開かれていきました。西欧近代の数学の流れにおいて、リーマンのアーベル関数論は一個のめざましい結節点でありました。

第七章
黎明の多変数関数論

- ハルトークスの連続性定理には多複素変数解析関数の存在領域の擬凸性がひそんでいる。それを洞察して言葉を与えたのははじめE・E・レビ、次に岡潔先生である。
- ハルトークスの逆問題は岡潔先生が造形した問題である。岡先生はE・E・レビの思索に示唆を得て、ハルトークスの連続性定理に立ち返り、擬凸状領域の概念を抽出した。
- 岡潔先生の「青春の夢」は多変数の代数関数論である。基礎理論の構築のために内分岐領域においてハルトークスの逆問題の解決がめざされたが、解決にいたらなかった。

ヴァイエルシュトラスの言葉

多変数関数論の黎明は特異点とともに始まります。ハルトークスの連続性定理もE・E・レビの擬凸性の概念も、黎明期に現れたあれこれの出来事はみなそれぞれに多変数解析関数の特異点の姿を語っています。

ハルトークスが発見した連続性定理のねらいは解析関数の特異点は、それが非本質的であっても本質的であっても、決して孤立することがないことを明らかにすることでした。定理の文言を一読して実に興味深いのは「孤立しない」という事実の表現様式そのものです。正則領域の擬凸性という、ある種の凸性がそこに含意されているのであり、それが明らかになったのはレビの研究によってでした。

レビは非本質的特異点を特異点と見ないことにして、本質的特異点のみの集りを考察し、そこでもまたハルトークスが発見したのと同じ型の連続性定理が観察されることを示しました。ハルトークスの論文が公表されたのは一九〇六年で、それから四年後にレビの第一論文が公表されました。ハルトークスの論文がレビに影響を及ぼしたことに疑いをはさむ余地はありませ

dann der Punkt $x=0$, $y=0$ für einen gewissen Zweig $f(x, y)$ einer analytischen Funktion von x und y eine singuläre Stelle, während dieser Zweig sich eindeutig und regulär verhält an jeder Stelle $(x, 0)$, für welche x auf C liegt, so gibt es eine Zahl $l>0$ derart, daß zu jedem Punkte $y=y_0$ des Kreises $|y|<l$ eine singuläre Stelle (x_0, y_0) jenes Zweiges existiert, für welche x_0 dem Bereiche B angehört.

ハルトークス「コーシーの積分公式からのひとつの帰結」より．『バイエルン王立科学アカデミー議事報告，数学・物理学部門』，第36巻，1906年．冒頭の８行にわたって「連続性定理」が記されている．

んが、単に一般化を試みたというのではなく、レビにはレビの数学的意図があり、レビはそれを第一論文の脚註に明記しています。レビはヴァイエルシュトラスの誤った言葉を「まちがっている」と指摘して覆そうとしたのでした。

ヴァイエルシュトラスの言葉というのは、ヴァイエルシュトラスのアーベル関数に関する一論文の途中にさりげなく書かれている断片で、明確な主張というよりも、片言隻句というか、さもあたりまえのように語られています。それは、

> 多複素変数の空間内の任意の領域に対し、そこで解析的で、しかもそのすべての境界点において本質的特異性を示すものが存在する。（大意を汲んで紹介しました。正確な訳文についてはｃｏｌｕｍｎ31参照）

という主旨のひとことです。ハルトークスの連続性定理の力を借りてこれを否定しようとするところに、レビの真意がありました。本質的特異点が孤立しないことが示されれば、それだけ

● column31 ● ヴァイエルシュトラスの言葉

「クレルレの数学誌」第89巻（1880年）にヴァイエルシュトラスの論文「r 個の変数の $2r$ 重周期関数に関する研究」（同誌、1–5頁）が掲載されています。論文というよりも、『クレルレの数学誌』のこの時期の編纂者ボルヒャルトに宛てて手紙の形で報告された書き物で、その手紙の日付は1879年11月5日です。

ヴァイエルシュトラスは「ここでひとつのことを語っておきたいと思う」と前置きし、次のように書きました。

> r 個の変数 $u_1, \cdots, u_r$ の領域から何らかの仕方で $2r$ 重に広がる連続体を切り取るとき、$u_1, \cdots, u_r$ の1価関数で、その連続体の内部にあるすべての点において有理関数のように振舞うが、いかなる境界点においてもそのように振舞うことのないものがつねに定められる。（『クレルレの数学誌』第89巻、5頁）

「連続体」の原語はContinuum。内点と境界点で作られた集合体です。ある一価関数がある点において「有理関数のように振舞う」というのは、その点の近傍において二つの正則関数の商の形に表されるということを意味しています。「有理関数のように振舞う関数」は有理型関数という名で呼ばれています。

Endlich will ich noch Eins erwähnen. Wird aus dem Gebiete von r complexen Veränderlichen $u_1, \ldots u_r$ auf irgend eine Weise ein $2r$-fach ausgedehntes Continuum ausgeschieden, so lassen sich stets eindeutige Functionen von $u_1, \ldots u_r$ bestimmen, welche sich an allen Stellen im Innern dieses Continuums, aber an keiner Stelle seiner Begrenzung wie rationale Functionen verhalten. Es treten also die wesentlichen singulären.

ヴァイエルシュトラス「r 個の変数の $2r$ 重周期関数に関する研究」より．『クレルレの数学誌』，第89巻，1880年．ヴァイエルシュトラスは“Endlich will ich noch Eins erwähnen”（最後に，ひとつの事柄を語っておきたいと思う）と前置きして，有理型関数（非本質的特異点しかもたない解析関数）の存在領域は任意であると明言した．

ですでにヴァイエルシュトラスの言葉は否定されてしまいます。

では、さらに根本に立ち返って、ハルトークスはどうして多変数の解析関数の特異点が孤立しないことを示そうとしたのだろうと問うと、状況はいくぶん不明瞭です。複素変数の解析関数も多変数になると一変数のときと比べてだいぶ様相が異なっていて、実際に両者の相違を明示する具体的な現象は、ハルトークスに先立ってすでにいくつか知られていました。ハルトークスはそこになおもうひとつの石を投じました。これ以上の動機はわかりませんが、多変数の解析関数にも孤立特異点が存在するかどうかと問うたという、そのこと自体にハルトークスの創意があったということかもしれません。

レビの研究のねらいがヴァイエルシュトラスの誤った言明を覆そうとしたことにあったという事実には、多変数関数論のはじまりのころの情景をほのかに照らし出してくれる力がありました。既述のように、ヴァイエルシュトラスは「多複素変数の空間内のどのような領域も非本質的特異点しかもたない解析関数の存在領域でありうる」と言明したのですが、それはアーベル関数を語る論文においてのことでした。では、そのアーベル関数はどこからきたのかといえば、出所は「ヤコビの逆問題」です。ヤコビの逆問題なら、解決をめざして大きく寄与した人物として、ヴァイエルシュトラスのほかにもうひとり、リーマンがいますし、ヴァイエルシュトラスとリーマンの前にも、この二人ほど完全な形での解決に到達したわけではありませんが、「原型のヤコビの逆問題」の解決に成功した二人の数学者、ゲーペルとローゼンハインがいます。「原型のヤコビの逆問題」というのはヤコビの逆問題の一番はじめの姿で、これを提示したのはヤコビです。

本質的特異点と非本質的特異点

レビの二論文はひと続きの連作になっています。第一番目の論文は「二個またはもっと多くの複素変数の解析関数の本質的特異点に関する研究」といい、一九一〇年に公表されました。レビはここで解析関数の本質的特異点の作る集合を考察し、そのような集合に対しても「ハルトークスの連続性定理」が成立することを確認しました。単に解析関数の特異点というと、「解析関数がそこで正則ではありえない点」を意味しますが、本質的特異点というと「解析関数がそこで有理型ではありえない点」のことになります。

今日の数学の語法では、関数というと必ず定義域が指定されることになっていますが、解析関数の場合には解析接続という現象が発生するために考え方がむずかしく、一筋縄ではいきません。解析接続は関数の変数の個数によらずに観察されます。これに加えて多複素変数の解析関数の場合には、高次元の複素数空間において定義域を指定しても、同時解析接続という現象が現れて、その領域上の解析関数がことごとくみないっせいに境界を越えて解析的に接続されるということが起りえます。そのような同時解析接続を許容する領域をあらかじめ定義域として指定して、その場所で解析関数の諸性質を追及するというのはまったく無意味な営為になってしまいます。解析関数というのは関数の一般概念では把握することのできない実に不思議な存在物です。

関数の一般概念を保持しつつ、しかも同時解析接続という特異な現象に対処するための考え方として、存在領域の形状の確定をめざすというのは有力なアイデアです。レビが提起したレビの問題や岡先生が取り組んだハルトークスの逆問題は、このアイデアに支えられて一個の問題として成立します。解析接続を妨げる要因には特異点とは別にもうひとつ、分岐点というものの存在があります。それからなおもうひとつを加えるなら、無限遠点における解析接続をどのように理解したらよいのかという問題もあります。このあたりの状況をどのように理解したらよいのか、どうもわかりにくいのですが、解析関数に先立って、そもそも関数というのはどのようなものと考えればよいのでしょうか。関数とは何か。この疑問にとらわれるようになったこともまた古典研究の有力なきっかけになりました。

解析関数の解析接続を観察する際に、ひとまず分岐点や無限遠点は考えないことにして、そのうえ多価性が発生する現象も考慮に入れないという非常に限定された状況を設定すると、複素数の空間内に解析関数の存在領域が描かれて、その外側に特異点の海が広がっているという情景が目に浮かびます。非本質的特異点を特異点の仲間に入れると、描かれる存在領域はある解析関数の正則領域になります。非本質的特異点は特異点とは見ないことにすると、存在領域はある解析関数の有理型領域になり、その外側には本質的特異点がびっしりと敷き詰められています。ハルトークスは本質的もしくは非本質的な特異点全体の作る集まりは孤立点をもたないことを示したのですが、これを言い換えると連続体を作っているということになります。これが「連続性定理」という呼称の由来です。

レビの問題

一九一〇年の第一論文で、レビはハルトークスの連続性定理の力を借りてヴァイエルシュトラスの言葉を覆したばかりではなく、独自の一歩を進めました。レビは二個の複素数の空間内で滑らかな超曲面で囲まれた領域を取り上げて、この領域に対して、あるいは、もう少し正確にいうと、その境界上の点および外側に広がる点の集まりに対して連続性定理を適用しました。もし領域が何らかの解析関数の存在領域であるなら、その外側はその解析関数の特異点集合になっているのですから、特異点として非本質的なものだけを考えても、本質的特異点だけしか考えないことにしても、いずれにしてもハルトークスとレビが明らかにしたように連続性定理が満たされることになります。

滑らかな超曲面で囲まれた領域に対して連続性定理が成り立つという状況に起因して、領域を規定するのに用いられる関数に課される何らかの限定条件が帰結します。レビはその条件を探索して「レビの形式」と呼ばれる微分式を作り、境界点において成立するべき不等式を書きました。これをレビの不等式と呼ぶことにすると、「レビの不等式が成立すること」は「滑らかな超曲面で囲まれた領域」（ｃｏｌｕｍｎ32参照）が解析関数の存在領域（正則領域または有理型領域）であるための必要条件です。そこで、この条件が満たされる領域を指して、「擬凸状の領域」と呼ぶことにするというのはとても自然に感じられるアイデアです。これが擬凸状領域という概念の由来で、これによって、（あくまでも特定の型の領域に対して）「存在領域は擬凸状である」という言明が許されることになりました。ただし、レビ自身が「擬凸状の領域」という概念を提案したわけではありません。

擬凸状という概念への道を開いたところにすでにレビの創意が現れていますが、ここからなお一歩を進めて逆向きの道筋を考察したことはいっそう際立った印象をもたらします。第一論文の翌年の一九一一年に、レビは「二個の複素変数の解析関数の存在領域の境界でありうる四次元空間の超曲面について」という、もう一篇の論文を公表し、境界上で等号のつかない「レビの不等式」が成立するなら（このとき領域は「強い意味で擬凸状」と呼ばれることがありま す）、この領域を囲む超曲面は局所的に、言い換えると各々の境界点のある近傍において、ある解析関数の存在領域の境界でありうることを示しました。

レビの歩みはここまで進み、ここにおいて、「では大域的にはどうか」という問題が現れます。領域の各々の境界点においていつでも「等号のつかないレビの不等式」が成立するなら、領域はそれ自体が存在領域でありうるだろうか、言い換えると、この領域を囲む超曲面はこの領域上のある解析関数の自然境界でありうるだろうかという問題です。これが「レビの問題」

で、ベンケとトゥルレンの著作『多複素変数関数の理論』(一九三四年)に「未解決の主問題」として語られています(column33参照)。

擬凸状領域の概念の形成

ベンケとトゥルレンの著作が刊行されたのは一九三四年(昭和九年)ですが、この時期の岡先生の所在地は広島でした。刊行されてまもないころに入手したようで、この小さな本がきっかけになって、岡先生の多変数関数論研究は大きく変わりました。それまでも多変数関数論の研究を続け、学位取得のための論文を書き続けていました。ところがベンケとトゥルレンの本を読んで、それまでの研究のテーマはあまり重要ではないと思ったようで、途中で止めてしまいました。新たな研究テーマを設定したのですが、それは「ハルトークスの逆問題」と呼ばれる問題でした。

ベンケとトゥルレンの本を見た岡先生の目に中心的な課題と映じたのは、ハルトークスとレビの研究でした。レビの研

●column32● 滑らかな超曲面で囲まれた領域

二つの複素変数x, yを、実部と虚部を明示して$x = x_1 + ix_2$, $y = y_1 + iy_2$と表記します。実関数$\varphi(x_1, x_2, y_1, y_2)$が4個の実変数$x_1, x_2, y_1, y_2$の2階連続微分可能関数、すなわち2階までのすべての偏導関数が存在して、しかもそれらがみな連続のとき、超曲面$\{x \mid \varphi(x) = 0\}$は滑らかであるといい、この超曲面で囲まれた領域$D = \{x \mid \varphi(x) < 0\}$を「滑らかな超曲面で囲まれた領域」と呼んでいます。

● column33 ● レビの形式とレビの不等式

4 個の実変数 x_1, x_2, y_1, y_2 の 2 階連続微分可能な実関数 $\varphi(x_1, x_2, y_1, y_2)$ に対し、その 1 階および 2 階偏導関数を用いて組み立てられる微分式

$$
\begin{aligned}
L(\varphi) = &\left\{\left(\frac{\partial\varphi}{\partial x_1}\right)^2+\left(\frac{\partial\varphi}{\partial x_2}\right)^2\right\}\left(\frac{\partial^2\varphi}{\partial y_1^2}+\frac{\partial^2\varphi}{\partial y_2^2}\right)\\
&+\left\{\left(\frac{\partial\varphi}{\partial y_1}\right)^2+\left(\frac{\partial\varphi}{\partial y_2}\right)^2\right\}\left(\frac{\partial^2\varphi}{\partial x_1^2}+\frac{\partial^2\varphi}{\partial x_2^2}\right)\\
&-2\left(\frac{\partial\varphi}{\partial x_1}\frac{\partial\varphi}{\partial y_1}+\frac{\partial\varphi}{\partial x_2}\frac{\partial\varphi}{\partial y_2}\right)\left(\frac{\partial^2\varphi}{\partial x_1\partial y_1}+\frac{\partial^2\varphi}{\partial x_2\partial y_2}\right)\\
&-2\left(\frac{\partial\varphi}{\partial x_1}\frac{\partial\varphi}{\partial y_2}-\frac{\partial\varphi}{\partial x_2}\frac{\partial\varphi}{\partial y_1}\right)\left(\frac{\partial^2\varphi}{\partial x_1\partial y_2}-\frac{\partial^2\varphi}{\partial x_2\partial y_1}\right)
\end{aligned}
$$

を関数$\varphi(x_1, x_2, y_1, y_2)$のレビ形式と呼んでいます。 2 個の複素数 x, y の空間内のある領域の各々の境界点、すなわち超曲面$\{\varphi = 0\}$上の各点においてレビ形式が非負であること、言い換えると等号のついた不等式 $L(\varphi) \geqq 0$ が成立するとき、領域$\{\varphi < 0\}$は「レビの意味で擬凸状」であるということにします。この言葉を用いると、レビは解析関数の存在領域の擬凸性を示したことになります。レビはここからなお一歩を進めて、「擬凸状の領域はある解析関数の存在領域であろうか」という逆向きの問いの考察に向いました。

引き続く論文「 2 個の複素変数の解析関数の存在領域の境界になりうるような 4 次元空間の超曲面について」（1911年）では、レビはみずから上記の逆問題を取り上げて、超曲面$\{\varphi = 0\}$上の各点において等号のつかない不等式 $L(\varphi) > 0$」が成立するという条件のもとで、この問題を局所的に解決することに成功しました。これを言い換えると、この場合、超曲面$\{\varphi = 0\}$はその上の各点の近傍において、$\{\varphi < 0\}$の側から見て、ある解析関数の自然境界になります。そこで、同じ条件のもとで領域$\{\varphi < 0\}$はそれ自体が解析関数の存在領域になるだろうかという、大域的な問題が目に留まります。この問題には**レビの問題**という呼称がよく似合います。

究により、ハルトークスの連続性定理における「特異点が孤立しない」という事実を言い表す独特の様式の中に、擬凸性という、多変数解析関数の存在領域に備わっているある種の凸性が見出だされました。考察の対象になった領域は滑らかな超曲面で囲まれた領域に限定されていましたが、この創意に富む思索の流れが岡先生に影響を及ぼしました。岡先生はハルトークスの連続性定理そのものに立ち返り、そこから擬凸性の一般概念を抽出し、レビがそうしたように、「擬凸状の領域は存在領域だろうか」という逆問題を提示しました。これが「ハルトークスの逆問題」です。レビの研究に示唆を得たのはまちがいありませんが、レビが提示してすでに存在していた問題なのではなく、岡先生が独自に造形した問題であるところに真価があります。

顧みれば、岡先生の論文集を読むまでは「擬凸状の領域」という概念の由来も必ずしも明らかではありませんでした。領域の擬凸性の概念の記述のない多変数関数論のテキストはなく、同じようでもあり同じではないようでもある似通った擬凸状領域の概念がいくつも登場しますので、ではこの概念を一番はじめに提示したのはだれなのだろうという疑問が起りました。レビの研究により認識された擬凸性はあくまでも「滑らかな超曲面に囲まれた領域」に対するものですから、一般の領域に対して擬凸性を語った最初の人はレビではありません。では、いったいだれなのでしょうか。

多変数関数論の形成史を考えていくうえでこれ以上はないほどに基本的な問いですが、考えるのがむずかしく、ずいぶん長い間苦しめられました。正解を教えてくれたのはまたしても岡先生の論文集でした。第一論文「有理関数に関して凸状の領域」の序文にはすでに「ハルトークスの凸性」の一語が見られ、明らかに擬凸状領域が指し示されています。第四論文「正則領域と有理凸状領域」（一九四一年）に移ると擬凸領域の概念の叙述が目に入り、第六論文「擬凸状領域」（一九四二年）でも記述されました。両者を見比べるとわずかに文言が異なりますが、内実は同じことで、ハルトークスの連続性定理で語られている特異点の分布状況がそのまま再現されていることがわかります。

ベンケ，トゥルレン『多複素変数関数の理論』，1934年．岡潔所蔵本．

第九論文「内分岐点をもたない有限領域」（一九五三年）では実に三種類の擬凸性の表現様式が試みられました。ひとつはハルトークスの連続性定理に沿って記述されていて、既述の二通りの定義と同質のものです。他の二つは見た目がだいぶ変わっていますが、論理的に見ると三つとも同等です。思索の深まりに伴って表現が変遷していく様子が、読む者の心にありありと伝わってきます。

多複素変数の解析関数の存在領域の擬凸性を明るみに出した人としてハルトークスの名が挙げられることもありますが、ハルトークスが発見したのはあくまでも多複素変数の解析関数の特異点が孤立しないという事実です。その事実の表現様式に際立った特徴があり、そこから「関数」という言葉を抜き、眼前にあるのは特異点の集まりであることも忘れて定理の文言をそのまま描写すると、外側に広がる領域が擬凸状であることを物語る情景描写が得られます。存在領域の擬凸性という幾何学的状況を取り出したのが岡先生なのでした。こうして長年の疑問はたちまち氷解しました。

レビの問題とハルトークスの逆問題

レビの問題とハルトークスの逆問題はとてもよく似ていますが、似て非なる問題であることを、幾度も繰り返して強調しておきたいと思います。

ベンケとトゥルレンの本にはあと二つ、重要な問題が紹介されています。ひとつはクザンに由来する二種類の「クザンの問題」、もうひとつはルンゲの名とともに語られることの多い「近似の問題」です。岡先生の関心はどこまでもハルトークスの逆問題にあり、この問題を解決することが、昭和九年以来の岡先生の多変数関数論研究の中心に位置する課題になりました。

クザンの第一問題と近似の問題はハルトークスの逆問題の解決のために有効な補助手段を提供しました。

領域の擬凸性は純粋に幾何学的な概念です。そのような領域が存在領域であることを示すためには、その領域を存在領域とする解析関数を作らなければならず、これを要するに関数の存在定理を確立するということにほかなりません。リーマンの代数関数論の出発点にとてもよく似ています。リーマンは代数関数の存在領域としてコンパクトなリーマン面を提案したのですが、このアイデアが生きるためには、コンパクトなリーマン面に解析関数が存在することを示す必要があります。リーマンはこれをディリクレの原理に依拠して遂行しました。岡先生がハルトークスの逆問題を解くために考案した証明法はディリクレの原理とはまったく異なっていますが、まずはじめに解析関数が存在する幾何学的な場所を設定するという点は同じです。リーマンに独自のアイデアであり、岡先生はリーマンを踏襲したことがわかります。

ハルトークスの逆問題は「すでにそこに存在した問題」ではなく、岡先生が創造した問題です。岡先生の論文集を読んではじめてこの事実を確信することができるようになったのですが、それまでは「フェルマの最後の定理」や「ポアンカレの予想」や「リーマンの予想」のように、岡先生の研究が始まる前からすでに存在していた未解決問題と思っていました。しかもその問題の名は「レビの問題」であり、「ハルトークスの逆問題」ではありませんでした。ここにもまた古典研究の契機が顔を出しています。

多変数関数論のたいていのテキストには、岡先生はレビの問題を解決したと書かれています。レビの二論文がハルトークスの逆問題の解決の手掛かりを与えているのはまちがいなく、実際に岡先生はそのようにしてハルトークスの逆問題を解決しました。それでもなお当の本人の岡先生はつねにハルトークスの逆問題と言うばかりで、レビの問題とは決して言いません。岡先生の論文集を読んでもっとも意外に思い、考え込まざるをえなかったのはこの不思議な事実でした。

既述のとおり、レビは滑らかな超曲面で囲まれた領域という特殊な型の領域に対して連続性定理を適用し、そこからレビの問題を取り出しました。そこでこの問題の適用域を拡大し、いっそう一般的な型の領域についても「擬凸状ならば存在領域だろうか」という問いを立てるのは、いかにも自然なことのようですし、それならそれもまた「レビの問題」と呼ぶのが相応しく思われます。おそらくこのような視点から見て「レビの問題」という呼称が受け入れられたのであろうと見てよさそうですが、これでは肝心の「擬凸状の領域」という概念の由来があいまいになってしまいます。滑らかな超曲面で囲まれた領域を対象とする「レビの擬凸性」から一般の擬凸性に移るのは、あまりにも飛躍が大きすぎるからです。

もし岡先生がレビの考察から出発して「レビの問題」の一般化を提示して、それをハルトークスの逆問題と呼んだのであれば、ことさらにハルトークスの逆問題という呼称を持ち出さなくともレビの問題と呼ぶだけで十分です。ところが岡先生の出発点はレビではなくハルトークスその人でした。岡先生はレビがそうしたようにハルトークスの連続性定理に立ち返り、レビのように特殊な型の領域を考えるのではなく完全に一般的な領域を取り上げて、連続性定理から擬凸状の概念を抽出したのでした（ｃｏｌｕｍｎ34参照）。レビと同じ道筋をいっそう深くたどりなおして擬凸性の概念を獲得し、レビがそうしたように逆問題をみずからに課しました。レビの擬凸性を元手にして一般の擬凸性の概念を考案したわけではありませんから、岡先生としては「ハルトークスの逆問題」と呼ぶほかはなく、しかももっとも適切な呼び名です。

このような諸事情はどこかしら奥深い場所に秘められているためになかなか目に見えるようにはならず、ハルトークスの連続性定理、レビの考察が「レビの問題」を導いた道筋、それに岡先生の論文集の三つがそろってはじめて「ハルトークスの逆問題」の由来が判明しました。古典を読んで黎明期に立ち返らなければわからない事柄は確かにあり、しかもそれらは全理論の土台を作っているものばかりです。こうしてまたしても岡先生の論文集により古典研究の意義を教えられました。

内分岐領域の理論

岡先生以前の多変数関数論の歴史とは別にもうひとつ、岡先生以降の多変数関数論はどうなっていくのだろうということを考えるのも大きな課題で、絶えず気に掛りました。この問題は実は岡先生の論文集そのものに胚胎し、しかも岡先生の論文集以外のいかなる文献にも見られ

●column34● ハルトークスの連続性定理から擬凸状領域へ

ハルトークスが発見した連続性定理を複素 2 変数 x, y の空間において表明すると次のようになります。

> 二つの複素変数 x, y の空間を $\mathbb{C}^2(x, y)$ で表し、x と y の解析関数 $f(x, y)$ を考えよう。今、$f(x, y)$ は空間 $\mathbb{C}^2(x, y)$ の原点 $O(0, 0)$ において特異性を有するとし、しかも、平面 $x = 0$ 上の領域 $0 < |y| \leqq r$ の各点において正則であるとしよう。このとき、あらかじめ任意に与えられた正数 ε に対して、いつでも次のような正数 δ が見つかる。すなわち、$|\xi| \leqq \delta$ となる任意の ξ に対して、平面 $x = \xi$ 上に、いつでも $f(x, y)$ の特異点 (ξ, η)、ここで $|\eta| \leqq \varepsilon$、が少なくともひとつ存在する。

ここに語られているのは、「特異点は孤立しない」という状況です。この文言から「関数」という言葉を除去すれば、特異点という名の点の集まりの幾何学的形状の描写になります。そこで、複素数空間内のある領域の外側がそのような形状の集合体を作っているとき、岡先生はその領域を**擬凸状**と呼びました。この言葉を使えば、集合体の外側の領域は「解析関数がそこで正則であるような点の作る領域」、すなわち「正則領域」ですから、ハルトークスの連続性定理は「正則領域は擬凸状である」ことを語っていると諒解されます。この認識がハルトークスの逆問題の出発点になりました。

ません。岡先生の論文集を読んではじめて気づいたことがあり、そもそも岡先生の多変数関数論研究は何をめざしていたのだろうと考え直してみると、「多変数の代数関数論」という謎めいた言葉に出会います。

岡先生は、多変数関数論の未解決の三大問題を解決したとはしばしば目にする評言です。三大問題というのは、レビの問題、クザンの問題（第一問題と第二問題）、近似の問題の三つです。ところが実際に岡先生の論文集を見ると、終始一貫して追い求められているのはハルトークスの逆問題であり、岡先生は実にめざましい手法を開発して大きく歩を進めました。その際、岡先生が描いた解決のプログラムの根幹を作る役割を担うのがクザンの問題と近似の問題ですから、三大問題を解決したというのはまちがっているわけではないものの、正鵠を射ているとも言い難いところです。

第一論文から第九論文にいたる九篇の論文のうち、第八論文には「基本的な補助的命題」というタイトルが附せられています。タイトルにいう補助的命題というのは「内分岐領域におけ**る上空移行の原理**」のことで、この命題を梃子にして主定理を確立しようとする趨勢が感知されます。ところが続く第九論文に現れたのは、内分岐点をもたない有限領域におけるハルトークスの逆問題の解決の報告でした。岡先生が真にめざしていたのは内分岐領域においてハルトークスの逆問題を解くことだったのですが、ついに解決にいたりませんでした。岡先生の論文集を読んでもっとも強い印象を受けたのは、実はこの事実でした。多変数関数論のどのテキストを見てもわからないことでしたので、心から驚愕し、同時に深い感銘を受けました。

第九論文には「内分岐点をもたない有限領域」というタイトルが附せられています。領域が有限というのは、無限遠点を内点と見ないことにするという意味です。これに加えて分岐点も存在しない領域が考えられていますから、単葉という限定は課されていませんから、領域は一般に複素数空間の上に有限または無限に重なり合って広がる多葉域になります。

一個の複素変数の解析関数の場合に例を求めると、複素対数関数 $\log z$ の存在領域（リーマン面と呼ばれています）は複素 z-平面上に広がる有限な無限多葉域です。複素 z-平面の原点 $z=0$ の上には分岐点が配置されていますが、それは内点とは考えられていませんので、内分点ではありません。代数関数 $\sqrt{z}$ の存在領域は複素 z-平面上に広がる二葉の領域で、原点 $z=0$ の上に一個の分岐点が配置されています。無限遠点 $z=\infty$ の上にも分岐点が存在します。$\sqrt{z}$ の存在領域は内分する二葉の無限領域です。

第六論文では二個の複素数の空間内の領域に限定して、ハルトークスの逆問題の解決が報告されました。複素数空間内の領域は単葉領域と呼ばれていて、領域に単葉という限定を課すのであれば変数の個数の多寡はそれほど深刻な問題にはなりません。現に、岡先生は戦中に書いた論文で、一般に任意個数の複素数の空間内でハルトークスの逆問題が解けることを報告しています。

単葉な有限領域に限定するのであれば、二変数の空間内で解決された時点ですでに一般に解決されたのも同然で、その解決の鍵をにぎる関数の第二種融合法（岡先生がそのように呼んでいます）が発見されたのは昭和十五年の初夏、蛍のころでした。論文を書き上げて東北帝国大学の藤原松三郎先生のもとに送付し、東北大学の数学誌『東北数学雑誌』に受理されたのが昭和十六年（一九四一年）の秋十月。そのころには岡先生の関心はすでに「内分岐領域におけるハルトークスの逆問題」という、その先にあるものに移っていたのでした。

多変数代数関数論の夢

岡潔先生の数学論文集が刊行されてから半世紀をこえる歳月が流れました。今では多変数関数論のみならず数学的科学の全般にわたる古典の位置を占めていますが、そのありさまはガウスの『アリトメチカ研究』がたどった航跡ととてもよく似ています。

岡先生が構築した解決のプログラムによると、ハルトークスの逆問題を解くには、クザンの第一問題の解決、上空移行の原理の確立、それに境界問題の解決という、三つの山をこえていくことが要請されます。対象となる領域に内分岐点が含まれていない場合には、このプログラムはみごとに機能して第六論文にいたりました。ところが内分岐点をもつ領域に対してはどの山も格段に峻険になり、そのために岡先生はまったく新たな登攀の仕方を工夫しなければならない事態に直面しました。ここにおいて考案されたのが不定域イデアルの理論で、第七番目の論文で基礎理論を構築し、その土台のうえに第八論文で内分岐領域において上空移行の原理を確立することに成功しました。

内分岐領域におけるクザンの第一問題も難問ですが、長期にわたって岡先生を苦しめ続けたのは「境界問題」で、ついに解くことができないまま投げ出してしまうような恰好になりました。このためハルトークスの逆問題は内分岐領域では解決にいたりませんでした。内分岐領域の基礎理論は今も存在せず、岡先生が心に描いていた多変数代数関数論の夢も夢のままに留まっています。

不定域イデアルの理論構築に向けていよいよ研究ノートが書き始められたのは昭和十七年(一九四二年)。この時点で岡先生は四十一歳ですが、それから優に二十年をこえて深遠な思索が打ち続きました。まことに秋霜烈日の日々というほかはありません。内分岐しない領域においてハルトークスの逆問題の解決に成功したことはもとよりすばらしく、アーベルにもリーマンにも紛う偉大さを備えていますが、岡先生の思索には終着点がありません。理想を追い求める心が描き出す世界は無限に開かれているからで、岡先生の数学研究の姿がそのようなものであったとは岡先生自身の論文集を見るまではわかりようのないことでした。原典に回帰するということに伴う意味が、このようなところにはっきりと現れています。

冬から春へ

一九六二年、『日本数学集報』、第三十二巻に岡先生の連作「多変数解析関数について」の第十報「擬凸状領域を生成する新しい方法」が掲載されました。第九報の続きではなく、独立した作品です。本論に先立って序文が附され、近年の数学の傾向に寄せて所見が語られています。

この序文では技術的な細部に立ち入らずに、遠い昔から日本人に固有の感情である季節感に訴えて、この論文を書き終えて感じていることを説明したいと思うと、岡先生は説き起しました。今日の数学の進展を見ると、抽象に向う傾向が認められるという指摘がこれに続きます。

「われわれの研究領域」、というのは多変数関数論のことですが、抽象の波はここにも押し寄せてきて、諸定理はますます一般的になっていくばかりであり、なかには複素変数の空間から離れてしまったものさえあるというありさまです。

岡先生はこのように慨嘆し、それから、

> これは冬だとわたしには感じられた（Je sentis que c’était hiver)。

と嘆息するのでした。岡先生の目には、数学の世界に春夏秋冬の四つの季節が廻り行く光景がありありと映じていたのでしょう。岡先生は、「わたしは長い間、春がもどってくるのを待ち、春を感じさせるいくつかの研究を行いたいと思った」と

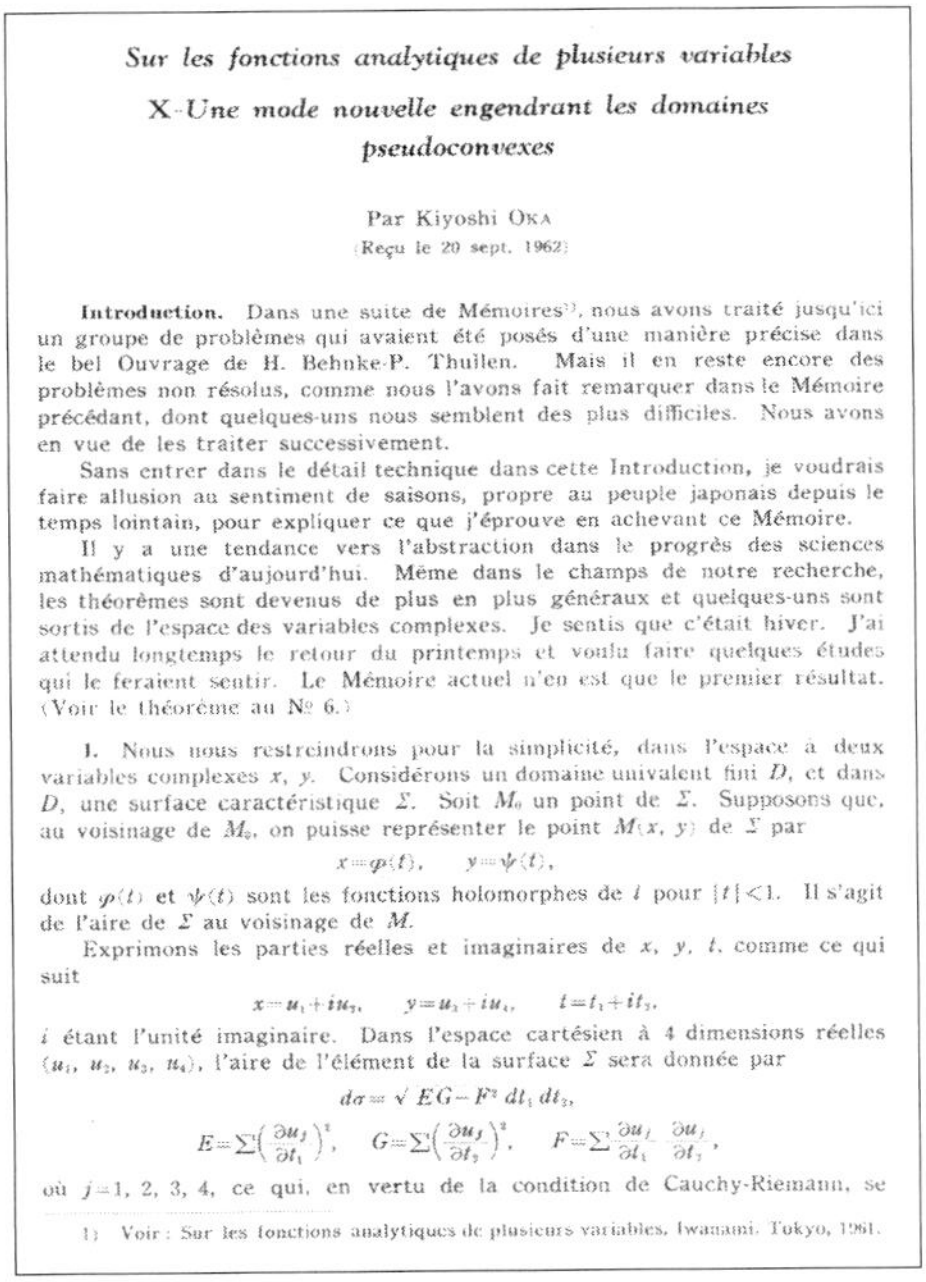

Sur les fonctions analytiques de plusieurs variables

X-Une mode nouvelle engendrant les domaines pseudoconvexes

Par Kiyoshi OKA

(Reçu le 20 sept. 1962)

Introduction. Dans une suite de Mémoires[1], nous avons traité jusqu'ici un groupe de problèmes qui avaient été posés d'une manière précise dans le bel Ouvrage de H. Behnke-P. Thullen. Mais il en reste encore des problèmes non résolus, comme nous l'avons fait remarquer dans le Mémoire précédant, dont quelques-uns nous semblent des plus difficiles. Nous avons en vue de les traiter successivement.

Sans entrer dans le détail technique dans cette Introduction, je voudrais faire allusion au sentiment de saisons, propre au peuple japonais depuis le temps lointain, pour expliquer ce que j'éprouve en achevant ce Mémoire.

Il y a une tendance vers l'abstraction dans le progrès des sciences mathématiques d'aujourd'hui. Même dans le champs de notre recherche, les théorèmes sont devenus de plus en plus généraux et quelques-uns sont sortis de l'espace des variables complexes. Je sentis que c'était hiver. J'ai attendu longtemps le retour du printemps et voulu faire quelques études qui le feraient sentir. Le Mémoire actuel n'en est que le premier résultat. (Voir le théorème au № 6.)

1. Nous nous restreindrons pour la simplicité, dans l'espace à deux variables complexes x, y. Considérons un domaine univalent fini D, et dans D, une surface caractéristique Σ. Soit M_0 un point de Σ. Supposons que, au voisinage de M_0, on puisse représenter le point $M(x, y)$ de Σ par

$$x=\varphi(t), \quad y=\psi(t),$$

dont $\varphi(t)$ et $\psi(t)$ sont les fonctions holomorphes de t pour $|t|<1$. Il s'agit de l'aire de Σ au voisinage de M.

Exprimons les parties réelles et imaginaires de x, y, t, comme ce qui suit

$$x=u_1+iu_2, \quad y=u_3+iu_4, \quad t=t_1+it_2,$$

i étant l'unité imaginaire. Dans l'espace cartésien à 4 dimensions réelles (u_1, u_2, u_3, u_4), l'aire de l'élément de la surface Σ sera donnée par

$$d\sigma=\sqrt{EG-F^2}\,dt_1\,dt_2,$$

$$E=\sum\left(\frac{\partial u_j}{\partial t_1}\right)^2, \quad G=\sum\left(\frac{\partial u_j}{\partial t_2}\right)^2, \quad F=\sum\frac{\partial u_j}{\partial t_1}\frac{\partial u_j}{\partial t_2},$$

où $j=1, 2, 3, 4$, ce qui, en vertu de la condition de Cauchy-Riemann, se

1) Voir : Sur les fonctions analytiques de plusieurs variables, Iwanami, Tokyo, 1961.

岡潔「多変数解析関数について X　擬凸状領域を生成する新しい方法」．日本数学集報，第32巻，1962年．13行目に“Je sentis que c’était hiver”（これは冬だとわたしには感じられた）と記されている．

言葉を続けました。抽象と一般化に覆われた今日の数学を冬と見て、かつて存在した春の数学の再訪を待ち望む心情を吐露し、みずから春を引き寄せようと試みたのでした。

岡先生は現在の数学の姿に対して全面的な批判と拒絶の意志を表明したのでした。はたして四季は数学的自然にも存在するのでしょうか。もし存在するなら、現状を冬と見る岡先生の判断は正鵠を射ていると言えるのでしょうか。この問題が数学者と数学史家の間で語り合われたことはありません。半世紀前に投げかけられたひとつの問いが今も真に深刻な問いであり続けていることを、本書の終りにあたってあらためて想起しておきたいと思います。

著訳書解題

評伝岡潔

数学史研究のきっかけから説き起し、古典渉猟の道すがら実際に出会った人と作品のあれこれを語ってきましたが、何冊かの古典の邦訳書と数学史論がここから生れました。それらをここに手短に紹介します。

『紀見峠を越えて――岡潔の時代の数学の回想』（萬書房、二〇一四年）

この著作は岡先生の一群のエッセイのみに手掛かりを求めて書きました。

数学と数学史研究の契機は岡潔先生のエッセイと数学論文集であることは、本書で幾度も繰り返して書き綴ったとおりです。岡先生の学問を深く理解したいと心から願っていましたが、そのためには岡先生の人生を知らなければならないという強固な思いがありましたので、機会のあるたびにさまざまな形で岡先生の生涯の回想を重ねてきました。多彩で、しかも陰影に富む人生ですので全体像を理解するのがむずかしいのです。

『評伝 岡潔――星の章』（海鳴社、二〇〇三年）

『評伝 岡潔――花の章』（海鳴社、二〇〇四年）

『岡潔――数学の詩人』（岩波新書、岩波書店、二〇〇八年）

『岡潔とその時代〈I〉正法眼藏――評傳岡潔 虹の章』（みみずく舎、二〇一三年）

『岡潔とその時代〈Ⅱ〉龍神温泉の旅――評傳岡潔 虹の章』（みみずく舎、二〇一三年）
この五冊の著作は岡先生の評伝です。岡先生は自己を語る人ですので、幼児期から晩年にいたるまで細部にわたって人生を回想しているのですが、ときおりつじつまの合わない場面に遭遇し、しかもそれらはみな数学研究の果実が摘まれようとする重大な時期と重なります。そのため岡先生のエッセイのみを頼りにするのでは足らず、独自の調査が要請されることになり、八年ほどに及ぶフィールドワークを重ねてようやく岡先生の人生を回想することができました。『星の章』と『花の章』は人生の軌跡の復元、二冊の『虹の章』は岡先生の晩年の交友録です。

古典翻訳

西欧近代の数学の遺産を日本に移したいと願って邦訳を試みて、ごくわずかだけ刊行することができました。次に挙げる三冊はガウスの数論の原典です。
『ガウス整数論』（朝倉書店、一九九五年）。ガウスの著作『アリトメチカ研究』の邦訳書。
『ガウスの《数学日記》』（日本評論社、二〇一三年）
『ガウス数論論文集』（ちくま学芸文庫M&S、筑摩書房、二〇一二年）
次の二冊はオイラーの著作『無限解析序説』（全二巻）の邦訳書です。前者が第一巻、後者が第二巻の訳書です。
『オイラーの無限解析』（海鳴社、二〇〇一年）。オイラーの著作『無限解析序説』（全二巻）の第一巻の翻訳。

『オイラーの解析幾何』（海鳴社、二〇〇五年）。オイラーの著作『無限解析序説』（全二巻）の第二巻の翻訳。

アーベルの代数方程式論、楕円関数論、超楕円関数論に関する諸論文を選び、ガロアの遺書を添えて一冊の翻訳書を編みました。

『アーベル／ガロア――楕円関数論』（朝倉書店、一九九八年）

次に挙げるのはヤコビの著作『楕円関数論の新しい基礎』（一八二九年）の邦訳書です。

ヤコビ『楕円関数原論』（講談社、二〇一二年）

ルジャンドルの著作『数の理論のエッセイ』（一七九八年）は第二版（一八〇八年）、第三版（一八三〇年）と版を重ねました。第三版は書名から「エッセイ」の一語がとれて簡明に『数の理論』となりました。分量も増えて、全二巻という大きな作品になりました。次に挙げるのは第三版、第一巻の邦訳書です。

ルジャンドル『数の理論』（海鳴社、二〇〇七年）

数学史論

古典の解読を進めながら数学と数学史について考察を重ねてきました。次に挙げる三冊では数学史叙述の際の基本的なアイデアを語りました。

『ガウスの遺産と継承者たち――ドイツ数学史の構想』（海鳴社、一九九〇年）

『近代数学史の成立 解析篇――オイラーから岡潔まで』（東京図書、二〇一四年）

『発見と創造の数学史――情緒の数学史を求めて』（萬書房、二〇一七年）

基本的なアイデアに基づいて、数学の個々の領域の形成史叙述を試みました。次の四冊のテーマは微積分です。

『dxとdyの解析学［増補版］――オイラーに学ぶ』（日本評論社、二〇一五年）

『微分積分学の史的展開――ライプニッツから高木貞治まで』（講談社、二〇一五年）

『微分積分学の誕生――デカルト『幾何学』からオイラー『無限解析序説』まで』（SBクリエイティブ、二〇一五年）

『古典的名著に学ぶ微積分の基礎』（共立出版、二〇一七年）

次の本では、オイラーの数学に無限解析、数論、負数と虚数の対数の考察という三つの側面から光をあてて論じました。

『無限解析のはじまり――わたしのオイラー』（ちくま学芸文庫Ｍ＆Ｓ、筑摩書房、二〇〇九年）

ガウスの数論は西欧近代の数学の大きな礎石です。次の本では、ガウスの著作『アリトメチカ研究』と、引き続く数論の諸論文の解明作業を通じて得られた所見を叙述しました。

『ガウスの数論――わたしのガウス』（ちくま学芸文庫Ｍ＆Ｓ、筑摩書房、二〇一一年）

アーベルはガウスの数学思想を洞察し、創意に富む仕方で継承して十九世紀の数学の泉になりました。次に挙げる二冊の著作では、それぞれアーベルの代数方程式論と楕円関数論を論じました。

『双書・大数学者の数学〈11〉アーベル（前編）不可能の証明へ』（現代数学社、二〇一四年）

『双書・大数学者の数学〈16〉アーベル（後編）楕円関数論への道』（現代数学社、二〇一六年）

ヤコビはアーベルの遺産を継承し、「ヤコビの逆問題」を提示しました。ヴァイエルシュトラスとリーマンがその解決に大きく寄与し、一変数代数関数論、もしくはアーベル関数論が誕生しました。十九世紀のドイツ数学史の白眉です。次の著作ではヤコビの逆問題が造形されるまでの経緯と、ヴァイエルシュトラスとリーマンにより解決されていく様相を叙述しました。

『リーマンと代数関数論——西欧近代の数学の結節点』（東京大学出版会、二〇一六年）

本書では言及する機会がありませんでしたが、日本の近代数学史の形成過程を考えていくうえでもっとも重要な人物は高木貞治先生です。次の二冊は高木先生の評伝です。

『高木貞治——近代日本数学の父』（岩波新書、岩波書店、二〇一〇年）

『高木貞治とその時代——西欧近代の数学と日本』（東京大学出版会、二〇一四年）

あとがきにかえて――数学史のすすめ

ラテン語の壁をこえる

数学史研究にあたってもっとも大きな障壁となるのは「言葉」です。西欧近代の数学史を十七世紀のはじめのデカルトとフェルマのころから考えていくことにすると、十九世紀のはじめころまでの文献の多くはラテン語で書かれています。そのため、英語、ドイツ語、フランス語のほかにラテン語が読めるようにならないと古典を自由に渉猟することはできませんが、ラテン語の壁は非常に高くそびえて行く手をさえぎっています。

古典と言葉の関係をもう少し具体的に観察しておきたいと思います。デカルトは『方法序説』をフランス語で書きましたが、出版後ほどなくしてラテン語に翻訳されました。フェルマが使用したのもラテン語で、『バシェのディオファントス』に書き込まれた「欄外ノート」もラテン語で表記されています。書簡はフランス語で書かれたものが多いのですが、ラテン語の手紙も混じっています。

ライプニッツとベルヌーイ兄弟（兄のヤコブと弟のヨハン）の論文もラテン語です。微積分の形成史という視点から見て注目に値するのはライプニッツとベルヌーイ兄弟の往復書簡です。ゲルハルトが編纂した『ライプニッツ数学手稿』第三巻（一八五五年）に収録されていますが、ライプニッツとヤコブの間で二十一通、ライプニッツとヨハンの間では実に二七五通にも達しています。合せて二九六通。この書簡群を解読するまでは無限解析（ライプニッツの時代の微積分の呼称です）の本当の姿はわかりませんが、至難というほかはありません。微積分ばかりではなく、「一番はじめの人」の書いたものを見るまで真相のわからないことは実に多いのです。

ラテン語の文献の中にはフランス語、ドイツ語、それに英語に訳出されたものもありますが、どの翻訳もラテン語の原文には劣ります。特に問題が多いのは英訳で、実際に目にした範囲ではガウスの英訳もオイラーの英訳も翻訳というよりも翻案ですし、数学上のまちがいも目立ちます。ラテン語の文献は原文をそのまま読むのが最上です。実に難解な言葉で、自在に読むなどという芸当は今もできませんが、ラテン語の壁をこえるのが数学史研究への不可欠の一歩です。

「一番はじめの人」の作品を読む

オイラーは大量の著作と論文のほぼすべてをラテン語で書きましたが、ときおりフランス語とドイツ語の作品に遭遇します。ガウスの数論は、『アリトメチカ研究』をはじめ、公表された五篇の論文もみなラテン語で書かれています。《数学日記》もラテン語です。ヤコビの著作『楕円関数論の新しい基礎』もラテン語で、論文もおおむねラテン語です。このあたりが数学史上に現れる最後のラテン語文献で、これ以降の十九世紀の作品はおおむね自国語で書かれるようになりました。

クロネッカー、ディリクレ、クンマー、ヴァイエルシュトラス、リーマン、デデキント、ハインリッヒ・ウェーバー、クライン、ヒルベルトなど、ドイツの数学者たちはドイツ語で書き、フーリエ、コーシー、ガロア、エルミートなど、フランスの数学者はフランス語で書きました。もっともフランスの数学者たちは他国の数学者がラテン語で書いているころからフランス語でした。ロピタルの『曲線の理解のための無限小解析』（一六九六年）もフランス語の著作です。ノルウェーのアーベルはフランス語で論文を書きました。

アンドレ・ヴェイユは第一次大戦ののち、一九二六年から翌一九二七年にかけてドイツに滞在したことがあります。ゲッチンゲンからベルリンを経てフランクフルトに向い、ここでマックス・デーンが主宰する数学史のセミナーに参加しました。ジーゲルもメンバーでした。数学の古典を一番はじめの姿のままで、言い換えるとラテン語の著作や論文はラテン語のまま、英語、フランス語、ドイツ語で書かれた文献はそれぞれ英語、フランス語、ドイツ語のままで読み、みなで語り合うという形のセミナーです。どこまでも素朴で、しかも難解なセミナーですが、数学史研究の理想的な姿がここに実現されています。

数学史のすすめ

数学史とは「数学とは何であるか」と問う学問であるというのは、数学史に関心を寄せ始めた当初からの確信でした。数学は人が創造する学問ですから、人を離れて数学はありませんし、その数学は数学的発見という衣裳をまとってこの世に現れます。「一番はじめの人」が発見した原初の光景に宿る神秘感。数学の本体がそこに感知されますが、その姿を具体的に観察し、「一番はじめの人」の発見の物語をさまざまに回想しようとするところに本書のねらいがありました。

無限の神秘感を宿す数学の泉から神秘のベールをはぎとって、流出していく情景を指して、一般に「数学の進歩」と呼んでいるのではないかと思いますが、進歩に伴って当初の神秘感は次第に希薄になり、代わりに平明で明るい世界が出現します。本書の関心は進歩の過程ではなく源泉にあり、岡先生の多変数関数論、ガウスの数論、アーベルの代数方程式論と楕円関数論、フェルマの数論、微積分、それにアーベル関数論に範例を求めて、源泉の系譜をたどりました。古典の山は深く、谷もまた深淵です。オイラーやガウスの遺産のすべてが汲み尽くされたはとうてい言えず、豊饒な神秘が充溢する泉がここかしこに隠されていて、訪れる人を待ち受けています。

志を同じくする人の出現を心から待望しています。

な

は

ま・や

ら

索引

あ

か

さ

た

高瀬正仁（たかせ・まさひと）
1951年、群馬県勢多郡東村（現、みどり市）生まれ。
九州大学基幹教育院教授を経て、現在、数学者・数学史家。
著訳書は、「著訳書解題」を参照。

数《すう》学《がく》史《し》のすすめ

原典《げんてん》味読《みどく》の愉《たの》しみ

発行日　2017年12月25日　第1版第1刷発行

著　者　高瀬正仁
発行者　串崎 浩
発行所　株式会社 日本評論社
170-8474 東京都豊島区南大塚 3-12-4
電話　03-3987-8621［販売］　03-3987-8599［編集］
印　刷　精文堂印刷
製　本　難波製本
装　幀　妹尾浩也

ISBN978-4-535-78778-0